HTML5+CSS3
前端开发项目化教程
（微课版）（第二版）

李琳　冯益斌　主编

清华大学出版社

北京

内 容 简 介

本书采用能力渐进的模式，共设计了 6 个项目，每个项目又分为项目介绍、知识准备（项目 1 无）、工作任务、项目进阶等模块。本书为微课版教材，对书中主要重点、难点部分配套制作精良的微课讲解。目前共配套有 80 多个微课，每个微课的时间为 5～25 分钟，扫描书后刮刮卡二维码后，扫描书中对应的二维码即可观看微课。本书出版之后我们还将继续根据读者的要求增加微课资源的数量。

作为网页设计类教材，本书内容与时俱进，体现了技术的迭代更新；作为高职高专的教材，本书则契合教学改革的理念，贯彻了行动导向的教学方式，以项目为载体、以任务驱动的方式展开阐述。同时，本书在编写中融入的 1+X 证书（中级除 PHP 以外）的要求，将职业技能等级标准有关内容及要求有机地融入教材内容。因此，本书除可作为高职高专的教材外，也适合作为网页设计有兴趣的初学者、爱好者的自学参考书。

图书在版编目（CIP）数据

HTML5＋CSS3 前端开发项目化教程：微课版/李琳，冯益斌主编. —2 版. 北京：清华大学出版社，2020.7（2024.8 重印）

ISBN 978-7-302-54402-9

Ⅰ. ①H… Ⅱ. ①李… ②冯… Ⅲ. ①超文本标记语言—教材 ②网页制作工具—教材 Ⅳ. ①TP312.8 ②TP393.092.2

中国版本图书馆 CIP 数据核字（2019）第 264156 号

责任编辑：吴梦佳
封面设计：傅瑞学
责任校对：刘 静
责任印制：丛怀宇

出版发行：清华大学出版社
   网   址：https://www.tup.com.cn，https://www.wqxuetang.com
   地   址：北京清华大学学研大厦 A 座   邮   编：100084
   社 总 机：010-83470000   邮   购：010-62786544
   投稿与读者服务：010-62776969，c-service@tup.tsinghua.edu.cn
   质量反馈：010-62772015，zhiliang@tup.tsinghua.edu.cn
   课件下载：https://www.tup.com.cn，010-83470410
印 装 者：三河市人民印务有限公司
经   销：全国新华书店
开   本：185mm×260mm   印   张：13   字   数：298 千字
版   次：2016 年 5 月第 1 版   2020 年 7 月第 2 版   印   次：2024 年 8 月第 4 次印刷
定   价：39.00 元

产品编号：086092-01

前　言

本书打破传统学科体系构建教材篇章的固有模式,采用以项目为载体、以任务驱动的方式展开叙述,使读者可以在项目实践中学习理论与技术,构建知识体系。本书由 6 个项目组成,每个项目根据开发的路线分若干工作任务,每个工作任务又划分为技术理论、任务实施和知识拓展等小节,项目工作任务之后还安排了"项目进阶"和"课外实践",提高读者对项目进行创新改进和自主学习拓展知识的能力。

项目 1 为概貌体验项目,围绕一个体验网站的配置、调试、部署,介绍了网页设计中的开发环境及工具,网页设计、调试的过程与方法,网站发布的操作步骤等,让读者对网页及设计的相关技术有一个感性认识;项目 2 到项目 6 以递增的方式逐任务地介绍网页设计的方法、技术和工具,使读者在做中学、学中做,循序渐进地掌握网页设计的主要技术要点。项目 2 是一个单页面的个人主页,指导读者学习网页中基本元素的使用方法和 CSS 格式化网页元素的方法;项目 3 是一个较为完整的多页面静态网站,使用了 Bootstrap 进行响应式网页设计,页面采用了目前流行的扁平化风格,简洁大方;项目 4 通过一个购物车页面的制作,比较全面地讲解了 JavaScript 的基本语法和应用;项目 5 则是一个十分有趣的游戏软件开发,学习的重点是 jQuery 技术;项目 6 是一个手机网页应用项目,充分体现了 HTML5 在移动应用开发方面的优势,其中穿插的知识点则是 HTML5 本地存储和 JSON 数据格式等新技术。

本书是第二版,在第一版的基础上做了较大的改进,主要内容如下。

(1) 本书为微课版教材,配套了 80 余个制作精良的微课。微课的内容基本覆盖了教学的重点和难点,特别是代码编写中的困难之处。微课是以比赛要求制作的,保证画面和音质的清晰程度。

(2) 本书中项目式的内容是新增加的,主要覆盖的知识点是 JavaScript 基础知识和应用。

(3) 加强了基础知识的讲解,除知识准备以外,在部分章节中增加了"关联知识"的小节,以便把涉及的知识点讲解透彻。

(4) 更改了第一版中的错误。

本书的第一版得到了许多同行的认可,被三十几所大专院校选为教材,在此,我们对这些同人深表感谢,这也鞭策我们更加尽心尽力地做好改编工作。现在我们希望第二版能够继续得到广大同人和读者的认可。

　　学习本书建议安排的总学时数为 90 学时，编者根据自己教学的经验安排了一个大概的学时分配，供广大教师或学员参考，同时附上学时分配与微课数量表，目前各章节配套的微课数量如下表所示。

学时分配与微课数量表

项　　目	学 时 分 配	微 课 数 量
项目1	8	6
项目2	12	25
项目3	20	17
项目4	16	11
项目5	12	7
项目6	18	15
实训	4	
合计	90	81

　　本书微课观看方法：先扫描书后刮刮卡的二维码，再扫描正文中对应的微课二维码。

　　本书由李琳、冯益斌主编，由教材团队完成编写工作。在编写过程中得到许多专家、同事和企业同人的帮助，在此要特别感谢车金庆、严正宇、邵姣及企业专家李军等人。

　　在本书编写过程中，我们力求科学、严谨，但由于精力、人力有限，疏漏之处在所难免，敬请广大读者批评、指正。

编　　者
2020 年 4 月

目录

CONTENTS

概貌体验项目：初识网站

知识目标：
- 认识网站的概念、组成、分类及网站建设的基本步骤。
- 认识网页及其中的各种基本元素。
- 了解设计网页的常用工具。

能力目标：
- 能安装并使用至少一种网页编辑软件。
- 能安装并使用至少一种浏览器。

1.1 项目介绍

本项目是发布并测试一个现有的网站（该网站为本书的项目 2——个人主页的最终网站）。本项目又分为 4 个工作任务来实现：任务 1 是开发环境搭建，主要是安装和启动 Visual Studio Code；任务 2 是通过浏览器查看网页及网页的源码，从而认识网页的本质及网页的组成元素；任务 3 是对网页做一些简单的修改和调试，体验网页编辑和调试软件的应用；任务 4 是把本机作为 Web 服务器，发布网站，并用本机和远程计算机两种方式访问该网站。

1.2 任务 1 开发环境搭建

1.2.1 工作任务

- 在 Windows 环境中安装 Visual Studio Code。
- 在 Visual Studio Code 中安装简体中文语言包。
- 认识并准备网页设计软件、网页调试软件。

1.2.2 技术理论

网页是构成网站的基本元素，是承载各种网站应用的平台。通俗地说，网站就是由网页组成的。网页实际是一个文本文件，用 Windows 自带的记事本工具便可打开和编辑。它一般存放在网络上的某台服务器（Server）中。当我们在浏览器（Brower）中输入网址

（URL）后，服务器会响应这个请求，同时将网页文件准备好，并通过网络送到访问者的计算机。浏览器接收到网页后，解析网页的内容并显示，如图 1-1 所示。

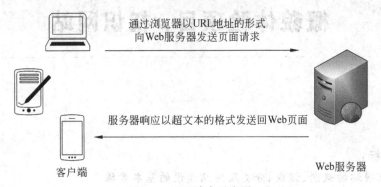

通过浏览器以URL地址的形式
向Web服务器发送页面请求

服务器响应以超文本的格式发送回Web页面

客户端

Web服务器

图 1-1　网页请求示意图

访问网页的过程可以归纳为浏览器发出请求，服务器响应并将网页发送给浏览器，这种模式被称为 B/S 模式。本书使用 Visual Studio Code 中的 Live Server 插件作为服务器端软件。

1.2.3　任务实施

1. 在 Windows 环境中安装 Visual Studio Code

（1）访问 https://code.visualstudio.com/，如图 1-2 所示，找到下载链接并下载
Visual Studio Code。

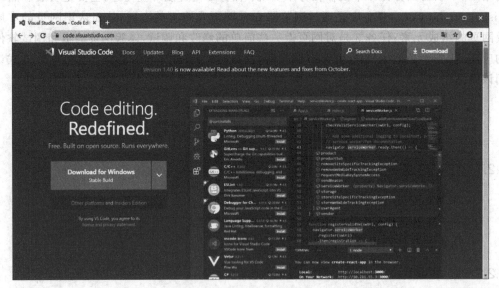

图 1-2　下载 Visual Studio Code

（2）安装 Visual Studio Code，如图 1-3 所示。

图 1-3　安装 Visual Studio Code

2. 在 Visual Studio Code 中安装简体中文语言包扩展

（1）启动 Visual Studio Code。

（2）单击左侧的 Extensions 图标，或按下 Ctrl＋Shift＋X 组合键，显示 Extensions（扩展）侧边栏。

（3）搜索 Chinese 关键字，找到 Chinese（Simplified）Language Pack for Visual Studio Code，也就是"适用于 VS Code 的中文（简体）语言包"，并在右侧找到 Install 按钮，单击进行安装，如图 1-4 所示。

图 1-4　在 Visual Studio Code 中安装简体中文语言包

（4）安装结束后，按照提示重启 Visual Studio Code。重启后，即可看到简体中文界面。

3. 在 Visual Studio Code 中安装 Live Server 扩展

（1）启动 Visual Studio Code。

（2）单击左侧的 Extensions 图标，或按下 Ctrl＋Shift＋X 组合键，显示 Extensions（扩展）侧边栏。

（3）搜索 Live Server 关键字，找到 Live Server 扩展，并在右侧找到 Install 按钮，单击进行安装，如图 1-5 所示。

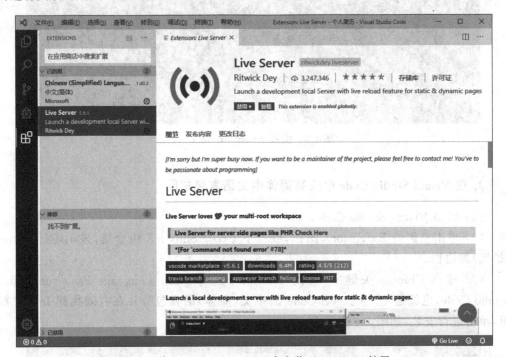

图 1-5　在 Visual Studio Code 中安装 Live Server 扩展

1.2.4　知识拓展

网页浏览器引擎俗称浏览器内核，又叫排版引擎（layout engine）或者渲染引擎（rendering engine），它负责取得网页的内容（HTML、XML、图像）、整理信息（CSS），以及计算网页的显示方式后输出。

浏览器及其引擎

浏览器种类如果按品牌商区分，有上千种。一般浏览器的分类都是根据核心区分的，下面介绍几个主流的浏览器的内核信息，如表 1-1 所示。

表 1-1　浏览器的内核信息

浏览器名称	所属公司	内核信息
Chrome	Google	Blink
Internet Explorer	Microsoft、Spyglass	Trident
Mozilla Firefox	Mozilla 基金会	Gecko

续表

浏览器名称	所属公司	内核信息
Opera	Opera Software	Webkit
Safari	苹果公司	Webkit
Maxthon	傲游天下科技有限公司	WebKit Trident
腾讯 TT 浏览器	腾讯控股有限公司	Trident
搜狗高速浏览器	搜狗	Trident WebKit
360 安全浏览器	奇虎 360	Trident Blink
360 极速浏览器	奇虎 360	Trident Blink
猎豹安全浏览器	金山网络科技有限公司	Trident Blink

可以看出,目前主流的浏览器主要以 Trident、Blink、WebKit 3 种内核为主,其典型代表分别为 IE、Chrome、Safari。当然,随着微软公司最新的 Windows 10 操作系统的发布,一个名为 Edge 的新浏览器内核也随之发布,并代替 IE 作为默认浏览器,相信在不久的将来,会逐步取代 IE 的地位。

1.3　任务2　认识网站与网页

1.3.1　工作任务

- 认识网页中的各种基本元素。
- 查看网页源代码,理解网页的本质。

1.3.2　技术理论

1. 什么是网站

(1) 网站的概念。网站(website)是指在因特网上根据一定的规则,使用 HTML 等工具制作的用于展示特定内容的相关网页的集合。简单地说,网站是一种通信工具,就像布告栏一样,人们可以通过网站发布自己想要公开的资讯,或者利用网站提供相关的网络服务。人们可以通过网页浏览器访问网站,获取自己需要的资讯或者享受网络服务。

许多公司都拥有自己的网站,它们利用网站进行宣传、发布产品资讯、招聘员工等。随着网页制作技术的流行,很多人也开始制作个人主页,这些通常是制作者用于自我介绍、展现个性的地方。也有以提供网络资讯为盈利手段的网络公司,通常这些公司的网站上会提供如时事新闻、旅游、娱乐、经济等各类资讯。

认识网站和网页

在因特网的早期,网站只能保存单纯的文本。经过几年的发展,在万维网出现之后,图像、声音、动画、视频,甚至 3D 技术开始在因特网上流行起来,网站也慢慢地发展成我们现在看到的图文并茂的样子。通过动态网页技术,用户也可以与其他用户或者网站管理者进行交流。此外,也有一些网站提供电子邮件服务。

（2）网站的组成结构。在早期，域名、空间服务器与程序是网站的基本组成部分。随着科技的不断进步，网站的组成也日趋复杂，多数网站由域名、空间服务器、DNS 域名解析、网站程序、数据库等组成。

① 域名（domain name）是由一串用点分隔的字母组成的 Internet 上某一台计算机或计算机组的名称，用于在数据传输时标识计算机的电子方位（有时也指地理位置），域名已经成为互联网的品牌、网上商标保护必备的产品之一。

DNS 规定，域名中的标号都由英文字母和数字组成；每一个标号不超过 63 个字符，也不区分大小写字母；标号中除连字符（-）外不能使用其他的标点符号；级别最低的域名写在最左边，而级别最高的域名写在最右边。

② 常见的网站空间有虚拟主机、虚拟空间、独立服务器、云主机、VPS。

虚拟主机是在网络服务器上划分出一定的磁盘空间供用户放置站点、应用组件等，提供必要的站点功能、数据存放和传输功能。虚拟主机也叫"网站空间"，就是把一台运行在互联网上的服务器划分成多个虚拟的服务器。每一个虚拟主机都具有独立的域名和完整的 Internet 服务器（支持 WWW、FTP、E-mail 等）功能。虚拟主机是网络发展的福音，极大地促进了网络技术的应用和普及，同时虚拟主机的租用服务也成了网络时代新的经济形式。虚拟主机的租用类似于房屋租用。

③ 程序即建设与修改网站所使用的编程语言（常见的有 Java、PHP、ASP.NET），通过这些语言，可以响应网站浏览者的请求和操作，并将结果生成 HTML 传输到浏览者的浏览器中。

2. 建立一个网站的基本步骤

（1）购买域名与空间（万网、新网都可以购买）。

（2）空间与域名做备案（如不明白具体操作，可以拨打空间服务商的售后电话）。

（3）制作网站，并上传到空间（网站上传可以使用 FTP 工具）。

（4）等备案完成后，解析、绑定域名到空间（登录购买域名和空间的服务商网站进行操作）。

（5）网站可以正常访问。

3. 网页及其基本元素

前文已经介绍了网页其实就是一个文本文件。与普通的文本相比，网页不但可以显示基本的文字，还可以显示图片、视频等多媒体信息，如图 1-6 所示。通常情况下，网页会包含以下基本元素。

（1）文字。网页内容的基本表示。

（2）图片。常用于网页上的图片格式有 jpg、gif、png。

（3）动画。常见的格式有 gif 动画、Flash 动画、HTML5 动画。

（4）声音。网页上的所有音频格式基本上都是 mp3。

（5）视频。常见的格式有 flv、mp4。

（6）超链接。由一个网页跳转到另一个目的（网页、图片、文件等）的链接。

（7）表格。文本的一种组织形式，也可用于网页元素的布局。

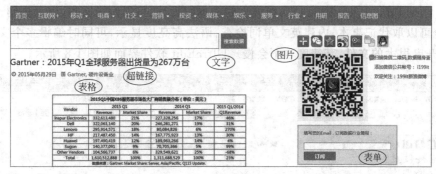

图 1-6　网页中的基本元素

（8）表单。用于采集用户输入的数据、接受用户请求。

4. 网页设计软件

（1）文本编辑器。从理论上讲，只要是能够编辑文本文件的软件，就可以设计网页。这类软件比较小巧，能够很方便地设计或修改网页，适用于临时修改网页的场合。

常见的软件如下。

① Notepad。Notepad 是 Windows 自带的记事本程序，只具备最基本的编辑功能，所以体积小巧、启动快、占用内存低、容易使用。

② Notepad＋＋。Notepad＋＋的功能比 Notepad 强大，除了可以用于制作一般的纯文字文件外，也十分适合当作编写计算机程序的编辑器。Notepad＋＋不仅有语法高亮度显示，也有语法折叠功能，并且支持宏及扩充基本功能的外挂模组。Notepad＋＋软件界面如图 1-7 所示。

图 1-7　Notepad＋＋软件界面

③ UltraEdit。UltraEdit 是功能强大的文本编辑器，可以编辑文本、十六进制、ASCII 码，完全可以取代记事本，内建英文单词检查、语法高亮度显示，可同时编辑多个文件，而且即使开启很大的文件，其速度也不会慢。UltraEdit 软件界面如图 1-8 所示。

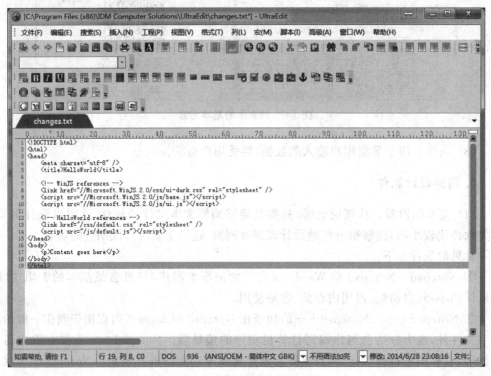

图 1-8　UltraEdit 软件界面

④ EditPlus。EditPlus 的功能强大，是可取代记事本的文字编辑器，拥有无限制的撤销与重做、英文拼字检查、自动换行、列数标记、搜寻取代、同时编辑多文件、全屏幕浏览功能。另外，它也是一个非常好用的 HTML 编辑器，除了支持颜色标记、HTML 标记外，还可支持 C、C++、Perl、Java。另外，它还内建完整的 HTML & CSS 指令功能。EditPlus 软件界面如图 1-9 所示。

⑤ Sublime Text。Sublime Text 是一个代码编辑器（Sublime Text 2 是收费软件，但可以无限期试用）。Sublime Text 具有漂亮的用户界面和强大的功能，如代码缩略图、Python 的插件、代码段等，还可自定义键绑定菜单和工具栏。Sublime Text 的主要功能包括拼写检查、书签、完整的 Python API、Goto 功能、即时项目切换、多选择、多窗口等。Sublime Text 是一个跨平台的编辑器，同时支持 Windows、Linux、Mac OS X 等操作系统。Sublime Text 软件界面如图 1-10 所示。

（2）集成开发环境（integrated development environment，IDE）。集成开发环境是用于提供程序开发环境的应用程序，一般包括代码编辑器、编译器、调试器和图形用户界面工具。IDE 集成了代码编写功能、分析功能、编译功能、调试功能等一体化的开发软件服务套。常见的网页设计 IDE 如下。

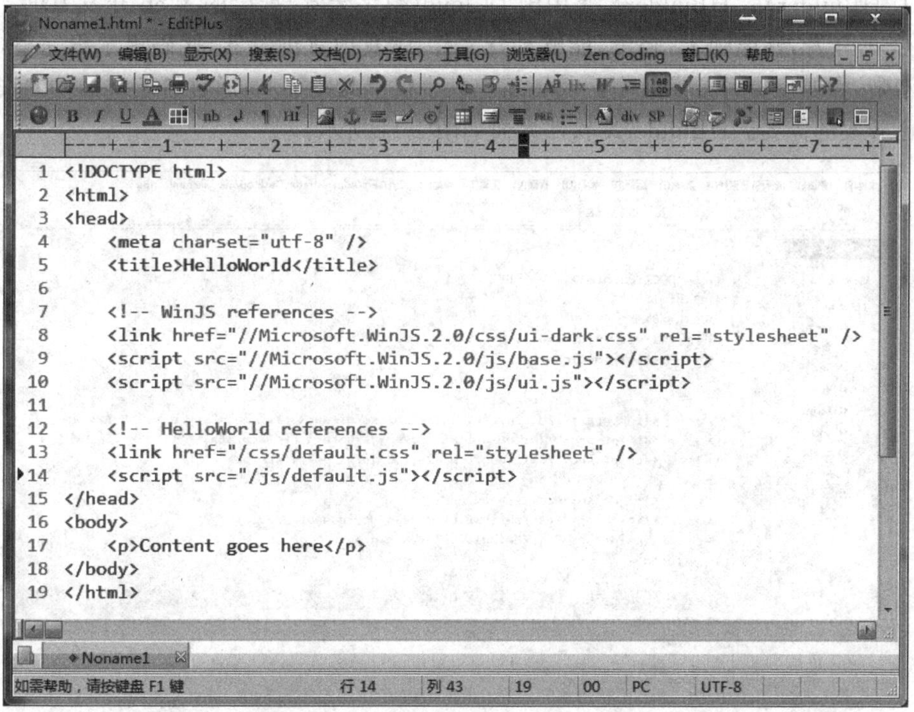

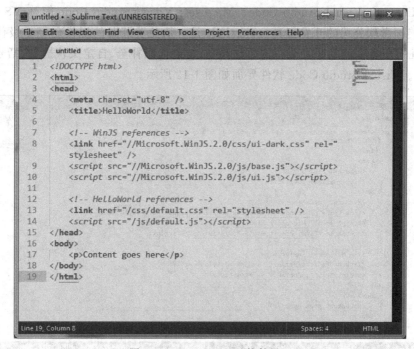

图 1-9　EditPlus 软件界面

图 1-10　Sublime Text 软件界面

① HBuilderX。HBuilderX 是中国 DCloud（数字天堂）推出的 Web 开发 IDE。该软件由 C++ 开发，性能强大，轻量，能够秒开文件，工具内置浏览器，代码提示很完整，文档结构清晰，大幅度提升开发效率。其压缩包大小仅十几兆字节，通过自定义插件的安装适应自己开发的需要。HBuilderX 软件界面如图 1-11 所示。

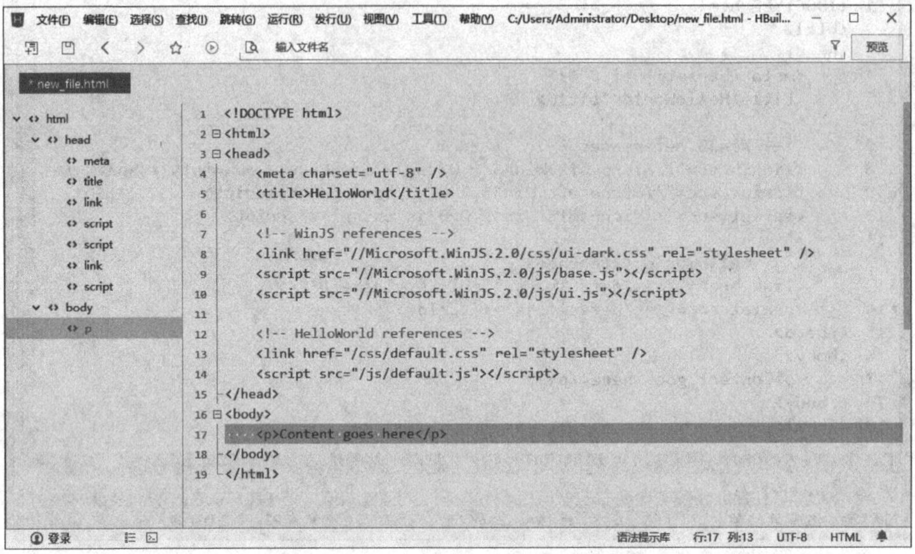

图 1-11　HBuilderX 软件界面

② Microsoft Visual Studio Code。Microsoft Visual Studio Code 简称 VS Code 或 Code，是美国微软公司的开发工具。VS Code 是一款免费开源的现代化轻量级代码编辑器，支持几乎所有主流的开发语言的语法高亮、智能代码补全、自定义快捷键、括号匹配和颜色区分。Visual Studio Code 软件界面如图 1-12 所示。

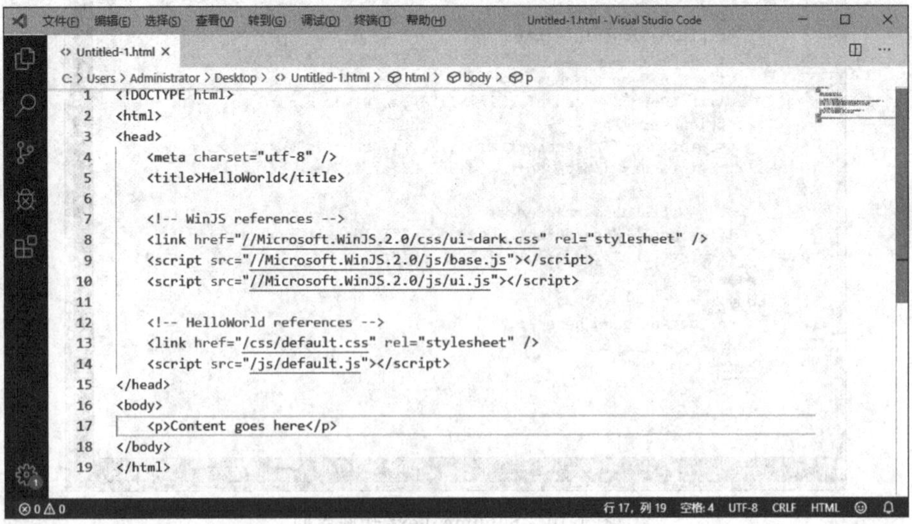

图 1-12　Visual Studio Code 软件界面

5. 网页调试工具

网页最终是在浏览器上运行的，因此，网页调试工具都是与浏览器集成在一起的。常见的网页调试工具如下。

（1）Internet Explorer 11＋F12。Internet Explorer 11 带有一组内置的开发人员工具，可以帮助开发人员跨多种设备构建、诊断和优化现代网站与应用。由于这些工具是通过按下 F12 键启动的，所以将这一组全新工具简称为 F12，这些工具可帮助 Web 开发人员快速、高效地完成各项工作。IE 调试界面如图 1-13 所示。

图 1-13　IE 调试界面

（2）Google Chrome＋F12。只要安装了谷歌浏览器，就可以使用 Google Chrome 开发者工具，Google Chrome 开发者工具是内嵌到浏览器的开发工具，打开方式有两种：第一种是按 F12 键；第二种是按 Ctrl＋Shift＋I 组合键。Chrome 调试界面如图 1-14 所示。

（3）Firefox＋Firebug。Firebug 是 Firefox 下的一款开发类插件，现属于 Firefox 的五星级强力推荐插件之一。它集 HTML 查看和编辑、JavaScript 控制台、网络状况监视器于一体，是开发 JavaScript、CSS、HTML 和 AJAX 的得力助手。Firebug 如同一把精巧的瑞士军刀，从各个不同的角度剖析 Web 页面内部的细节层面，给 Web 开发者带来很大的便利。Firefox＋Firebug 调试界面如图 1-15 所示。

图 1-14　Chrome 调试界面

图 1-15　Firefox＋Firebug 调试界面

6. 图像处理工具

（1）Adobe Photoshop。Adobe Photoshop 简称 PS，是由 Adobe 公司开发和发行的图像处理软件。

PS 主要处理以像素构成的数字图像。使用其众多的编修与绘图工具，可以有效地进行图片编辑工作。PS 有很多功能，涉及图像、图形、文字、视频、出版等很多方面。

PS 的专长在于图像处理，而不是图形创作。图像处理是对已有的位图图像进行编辑加工处理及运用一些特殊效果，其重点在于对图像的处理加工。而图形创作软件是按照自己的构思创意，使用矢量图形等设计图形。Adobe Photoshop 启动界面如图 1-16 所示。

图 1-16　Adobe Photoshop 启动界面

（2）CorelDRAW。CorelDRAW 是加拿大 Corel 公司的平面设计软件。该软件是矢量图形制作工具软件，这个图形工具为设计师提供了矢量动画、页面设计、网站制作、位图编辑和网页动画等多种功能。

该图像软件是一套屡获殊荣的图形、图像编辑软件。它包含两个绘图应用程序：一个用于矢量图及页面设计；另一个用于图像编辑。这套绘图软件组合带给用户强大的交互式工具，使用户可创作出多种富于动感的特殊效果及点阵图像即时效果，在简单的操作中就可得到实现——而不会丢失当前的工作。通过 CorelDRAW 的全方位的设计及网页功能，可以融合到用户现有的设计方案中，灵活性十足。

该软件套装更为专业设计师及绘图爱好者提供简报、彩页、手册、产品包装、标识、网页及其他功能。该软件提供的智慧型绘图工具及新的动态向导可以充分降低用户的操控难度，允许用户更易精确地创建物体的尺寸和位置，减少单击步骤，节省设计时间。CorelDRAW 启动界面如图 1-17 所示。

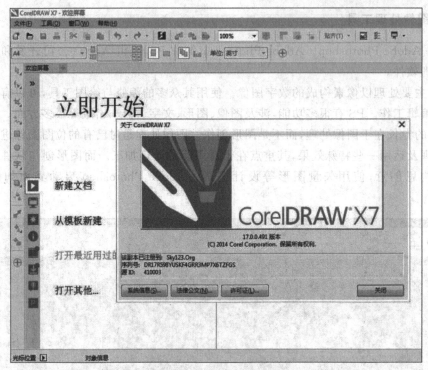

图 1-17　CorelDRAW 启动界面

1.3.3　任务实施

1. 分别使用 IE 和 Chrome，打开网站的 index.htm 文件

（1）右击 index.htm，选择"打开方式"菜单项，如图 1-18 所示。

（2）如果 IE 和 Chrome 出现在弹出菜单中，则可以直接选择相应的浏览器打开。

（3）如果 IE 和 Chrome 没有出现在弹出菜单中，则单击"选择默认打开程序"，在弹出的"打开方式"对话框中单击"浏览"，找到 IE 或 Chrome 应用程序所在的目录。

此外，也可以先打开 IE 和 Chrome，再将 index.htm 文件拖放到浏览器窗口中。

图 1-18　使用 Chrome 浏览器打开网页

2. 分别使用 IE 和 Chrome 查看网页的源代码

（1）在 IE 中，在网页空白处右击，选择"查看源"；或者在工具栏空白处右击，勾选"菜单栏"，单击"查看"菜单的"源"菜单项，同样会显示网页源代码。

（2）在 Chrome 中，在网页空白处右击，选择"查看网页源代码"；或者在工具栏单击"自定义及控制 Google Chrome"按钮，在弹出菜单中选择"更多工具"，再选择"查看源代码"菜单项，同样会显示网页源代码，如图 1-19 所示。

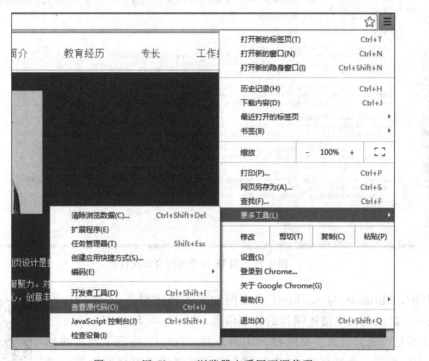

图 1-19　用 Chrome 浏览器查看网页源代码

（3）IE 和 Chrome 中的查看网页的源文件的都是 Ctrl＋U 组合键，用 IE 打开的网页源文件如图 1-20 所示。

我们看到的网页的源文件中的这些代码叫作 HTML，是英文 hypertext markup language（超文本标记语言）的缩写。HTML 虽然被叫作语言，但并不是一种编程语言，它主要用于描述页面元素的排版、布局和格式等信息。

第 1 行代码的作用是告知浏览器使用哪种 HTML 或 XTML 规范解析 HTML 文本。主体部分由这样几个写在＜＞里的成对的标签组成。

```
<html>
    <head>
        <title>×××的个人网站</title>
    </head>
    <body>
```

```
        </body>
    </html>
```

图 1-20　用 IE 打开的网页源文件

其中，<html> 与 </html> 之间的文本描述网页，<head>与
</head>之间的文本描述网页的头部信息，<body> 与 </body> 之
间的文本是可见的页面主要内容，<title>和</title>指定了网页的标
题，当我们打开一个网页时，这个标题会显示在浏览器窗口的标题栏或
状态栏。关于 HTML 语言的内容将在项目 2 中详细讲解。

HTML 及 HTML 文件

1.3.4　知识拓展

1. 网页中的图片格式

网页中有丰富的图片资源，下面就介绍网页中一些常见的图片格
式，如表 1-2 所示。

HTML5 及其文件结构

表 1-2　常见的图片格式及其优缺点

图片格式	优　点	缺　点
BMP	支持 1～24 位颜色深度； 该格式与现有 Windows 程序（尤其是较旧的程序）广泛兼容	不支持压缩，会造成文件非常大

续表

图片格式	优　点	缺　点
PNG	支持高级别无损耗压缩； 支持 alpha 通道透明度； 支持 Gamma 校正； 支持交错； 受最新的 Web 浏览器支持	较旧的浏览器和程序可能不支持 PNG 文件； 作为 Internet 文件格式，与 JPEG 的有损耗压缩相比，PNG 提供的压缩量较少； 作为 Internet 文件格式，PNG 对多图像文件或动画文件不提供任何支持
JPG	摄影作品或写实作品支持高级压缩； 利用可变的压缩比可以控制文件大小； 支持交错（对于渐近式 JPEG 文件）； JPEG 广泛支持 Internet 标准	有损耗压缩会使原始图片数据质量下降； 当编辑和重新保存 JPEG 文件时，JPEG 会混合原始图片数据的质量下降，这种下降是累积性的； JPEG 不适用于所含颜色很少、具有大块颜色相近的区域或亮度差异十分明显的较简单的图片
GIF	广泛支持 Internet 标准； 支持无损耗压缩和透明度	只支持 256 色调色板，因此，详细的图片和写实摄影图像会丢失颜色信息，而看起来却是经过调色的； 在大多数情况下，无损耗压缩效果不如 JPEG 格式或 PNG 格式； GIF 支持有限的透明度，没有半透明效果或褪色效果（如 alpha 通道透明度提供的效果）

在网页设计过程中，对图片格式的选择可以参考表 1-3。

表 1-3　图片格式的选择

颜 色 数 目	格 式 选 择
1(黑白)	GIF，分辨率为 72ppi(像素/英寸)
16	GIF，分辨率为 72ppi
256(简单图片)	GIF，分辨率为 72ppi
256(复杂图片)	JPEG，分辨率为 72ppi
超过 256	JPEG 或 PNG，分辨率为 72ppi

2. 网页中的动画格式

（1）GIF 动画。GIF(graphics interchange format)的原义是"图像互换格式"，是一种常见的图像文件格式，目前几乎所有相关软件都支持它。GIF 格式的一个特点是其在一个 GIF 文件中可以保存多幅彩色图像，如果把保存于一个文件中的多幅图像数据逐幅读出并显示到屏幕上，就可构成一种最简单的动画。

（2）Flash 动画。Flash 动画是指利用 Flash 软件设计、制作发布的动画及交互作品。Flash 动画使用矢量图形，所以在输出动画方面更适合卡通动画制作，相应的文件数据要比位图动画小得多。Flash 输出动画图像为真彩，能够较全面地反映真实的色彩环境。另外，Flash 动画具有真正的多媒体意义，如支持导入音乐文件、支持交互内容等，是其他动画制作软件不能比拟的。

（3）CSS 动画。CSS 是一种格式化网页的标准方法，在最新的 CSS 3.0 中，动画是一种新的 CSS 特性，它可以在不借助 JavaScript 和 Flash 的情况下，使绝大多数 HTML 元素动起来。现在它已经被 Webkit 家族的浏览器及 Firefox 所支持。有了 CSS 动画，可以给页面元素加入许多互动性，配合 JavaScript，它甚至可以用于制作网页游戏。

1.4　任务3　编辑与调试

1.4.1　工作任务

- 使用网页开发软件打开网页进行编辑。
- 修改网页标题，并观察修改结果。
- 使用 Chrome 调试网页。
- 使用 IE 调试网页。

1.4.2　任务实施

1. 使用网页开发软件打开网页进行编辑

使用网页开发工具（参考任务 1）打开 index.htm。对于使用 IDE 的读者，可以使用"打开网站"的功能将站点根目录打开，IDE 会自动加载整个网站所有的资源。

2. 修改网页标题，并观察修改结果

（1）在编辑器中找到"<title>个人主页</title>"字样，将"个人主页"改成"真实姓名＋个人主页"的字样，如"张三的个人主页"。

（2）保存网页。

3. 使用 Chrome 调试网页

（1）使用 Chrome 再次打开 index.htm，如果网页原本就已经在浏览器中打开，可以单击工具栏中的"刷新"按钮，或按 F5 键，对网页进行刷新。

（2）网页刷新后，观察网页标题栏的标题信息。

（3）按 F12 键，弹出"开发者工具"，单击工具栏中的 Toggle device mode 按钮，将启用移动设备模拟器对网页进行浏览。

（4）单击"开发者工具"工具栏中的 Hide drawer 按钮，在显示的 Emulation 属性页中切换 Device 的 Model，观察网页的变化。

4. 使用 IE 调试网页

（1）使用 IE 再次打开 index.htm，如果网页原本就已经在浏览器中打开，可以单击工具栏中的"刷新"按钮，或按 F5 键，对网页进行刷新。

（2）网页刷新后，观察网页标题栏的标题信息。

（3）按 F12 键，弹出"开发人员工具"，单击工具栏中的"仿真"按钮，尝试切换不同类型的"模式""显示"的设置值，观察网页的变化。

1.5　任务4　发布与测试

1.5.1　工作任务

- 配置 Live Server。
- 在 Visual Studio Code 中打开个人网站目录。
- 配置 Windows 防火墙。
- 通过远程计算机访问网站。

1.5.2　任务实施

1. 配置 Live Server

（1）打开 Visual Studio Code，在右侧扩展中找到已安装的 Live Server 扩展，单击右下角的 Manage 图标，在弹出的快捷菜单中选择"配置扩展设置"，打开管理界面，如图 1-21 所示。

开发工具与开发环境

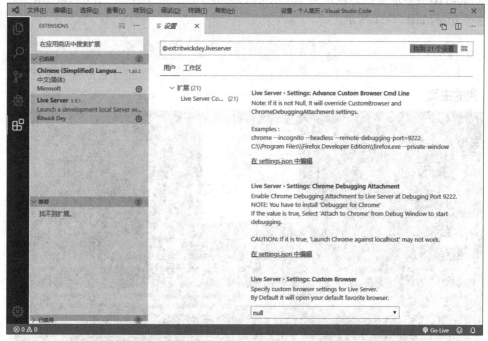

图 1-21　Live Server 管理界面

（2）在右侧的配置界面中可以看到，默认的 IP 地址是 127.0.0.1，如图 1-22 所示。

Live Server › Settings: Host
To switch between localhost or 127.0.0.1 or anything else. Default is 127.0.0.1

127.0.0.1

图 1-22　Live Server 默认 IP 地址

2. 在 Visual Studio Code 中打开个人网站目录

（1）单击 Visual Studio Code 的顶部菜单：文件——打开文件夹，选择"个人主页"文件夹。

（2）打开后，在 Visual Studio Code 左侧的"资源管理器"中，可以看到已经打开的网站信息，如图 1-23 所示。

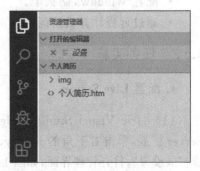

（3）在 Visual Studio Code 资源管理器中单击"个人简历.htm"，可以在右侧看到当前网页的代码。

（4）在 Visual Studio Code 底部找到 GO Live 图标，单击后，Visual Studio Code 会启动 Live Server，并打开系统默认浏览器，此时，就可以浏览网站了。注意，此时浏览器地址栏的地址为 127.0.0.1:5500/个人主页.htm，如图 1-24 所示。

图 1-23　打开网站目录

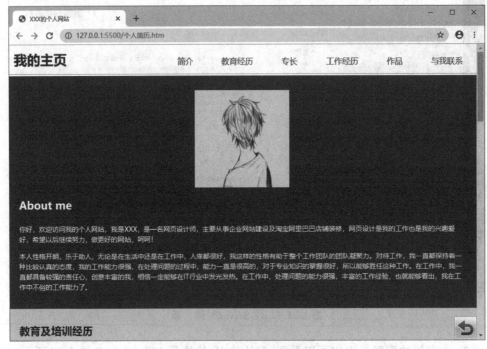

图 1-24　访问本地网站

3. 配置 Windows 防火墙

（1）在 Windows 设置中，搜索"防火墙"关键字，找到并打开 Windows 防火墙设置，如图 1-25 所示。

图 1-25 Windows 防火墙设置界面

（2）单击左侧的"允许应用或功能通过 Windows Defender 防火墙"。

（3）单击"更改通知设置"按钮，然后在"允许的程序和功能"列表中，找到 code.exe。如果没有 code.exe，可以单击"允许其他应用"按钮将 code.exe 加入列表中。

（4）勾选 code.exe 对应行后面的"专用"和"公用"复选框，并单击"确定"按钮保存，如图 1-26 所示。

（5）单击"高级安全 Windows Defender 防火墙"，选择"入站规则"。

（6）在入站规则列表中，找到 code，查看是否已启用，如未启用，请启用该规则，如图 1-27 所示。

4. 通过远程计算机访问网站

（1）在 Live Server 的配置界面，将 IP 地址由 127.0.0.1 改为本机地址。

（2）再次单击 GO Live 按钮，查看网页是否正常显示，如图 1-28 所示。

1.5.3 知识拓展

在配置 IIS 及防火墙时，经常会接触"端口"这个概念。可以这样说，端口便是计算机与外部通信的途径。两台计算机如果需要通过网络进行通信，除了在物理上要使用网络设备连接以外，还需要在通信过程中指定双方的端口号。

前端开发核心技术

图 1-26　允许 Visual Studio Code 通过 Windows 防火墙

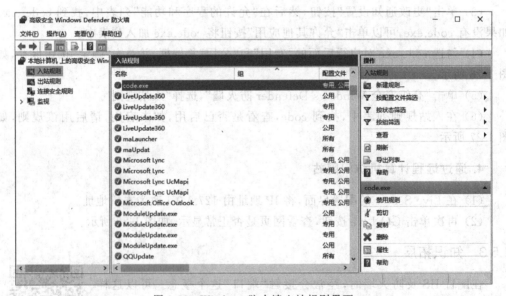

图 1-27　Windows 防火墙入站规则界面

图 1-28　通过远程计算机打开的网页

对于一个网站来说，要对外提供 http 服务，默认的端口是 80 端口号。在浏览器中访问网站时，在浏览器地址栏输入域名（如 www.baidu.com），其实就是在连接这个网站服务器的 80 端口。

与 80 端口是 http 服务的默认端口类似。还有很多常用端口，范围从 0 到 1023，这些端口号一般固定分配给一些服务。比如，21 端口分配给 FTP 服务，25 端口分配给 SMTP（简单邮件传输协议）服务，135 端口分配给 RPC（远程过程调用）服务等。

在 TCP/IP 协议中的端口，端口号的范围从 0 到 65535，除了之前介绍的那些，1024 到 65535 这些端口号一般不固定分配给某个服务，也就是说许多服务都可以使用这些端口。只要运行的程序向系统提出访问网络的申请，那么系统就可以从这些端口号中分配一个供该程序使用。比如，1024 端口就是分配给第一个向系统发出申请的程序。在关闭程序进程后，就会释放所占用的端口号。

1.6　技术要点

本项目围绕一个体验网站的配置、调试、部署，介绍了网页设计中的开发环境及工具、网页设计、调试的过程与方法、网站发布的操作步骤。

1.7　项目进阶

在 1.5 节中使用的是 Live Server 这个 Web 服务器程序。Live Server 一般只是用于调试，在正式环境下常见的 Web 服务器程序有 Apache、Ngix、IIS 等，请任选一个 Web 服务器程序进行网站发布。

1.8　课外实践

请下载并试用本项目中介绍到的各种浏览器及开发工具。

入门项目：个人主页网站设计

知识目标：
- 掌握网页的基本结构。
- 掌握网页中基本元素的使用方法。
- 掌握 CSS 格式化网页元素的方法。

能力目标：
- 能规划设计单页网站。
- 能为网页添加基本元素。
- 能使用 CSS 控制网页元素的样式。

2.1 项目介绍

本项目工作是设计一个个人主页网站，该网站是一个单页网站（整个网站就一个网页文件），用于制作一个网页版的个人简历。该项目又

个人主页项目分析

分为 8 个工作任务来实现：任务 1 是对网站进行规划和设计；任务 2 是设计个人简介模块；任务 3 是设计教育经历模块；任务 4 是设计个人专长模块；任务 5 是设计工作经历模块；任务 6 是设计作品图集模块；任务 7 是设计与我联系模块；任务 8 是设计导航模块。

2.2 知识准备

网页的本质是超级文本标记语言（HTML），通过结合使用其他的 Web 技术（如脚本语言、公共网关接口、组件等），可以创造出功能强大的网页。因此，超级文本标记语言是万维网（Web）编程的基础，也就是说万维网是建立在超文本基础上的。超级文本标记语言之所以称为超文本标记语言，是因为文本中包含了超级链接点。

超级文本标记语言是标准通用标记语言下的一个应用，也是一种规范、一种标准，它通过标记符号来标记要显示的网页中的各个部分。

超级文本标记语言文档制作不太复杂，但功能强大，支持不同数据格式的文件嵌入，这也是万维网（WWW）盛行的原因之一，其主要特点如下。

（1）简易性。超级文本标记语言版本升级采用超集方式，从而更加灵活方便。

（2）可扩展性。超级文本标记语言的广泛应用带来了加强功能、增加标识符等要求，超级文本标记语言采取子类元素的方式，为系统扩展带来保证。

（3）平台无关性。虽然个人计算机大行其道，但使用 MAC 等其他机器的大有人在，超级文本标记语言可以在广泛的平台上使用，这也是万维网（WWW）盛行的另一个原因。

（4）通用性。另外，HTML 是网络的通用语言，是一种简单、通用的全置标记语言。它允许网页制作人建立文本与图片相结合的复杂页面，这些页面可以被网上任何其他人浏览到，无论他们使用的是什么类型的计算机或浏览器。

2.2.1　HTML 及 HTML 文件

1. 认识 HTML 语言

HTML 及 HTML 文件

HTML 的英文全称是 Hypertext Marked Language，中文叫作"超文本标记语言"。与一般文本不同的是，一个 HTML 文件不仅包含文本内容，还包含一些 Tag，中文称"标记"。一个 HTML 文件的后缀名是.htm 或者是.html。用文本编辑器就可以编写 HTML 文件。现在，我们用最简单的记事本来编辑一个 HTML 文件。

【实例 2-1】　打开 Notepad，新建一个文件，复制以下代码到这个新文件中，然后将这个文件保存成 first.html，如图 2-1 所示。

```
<html>
    <head>
        <title>我的第一个网页</title>
    </head>
    <body>
        <h1>Html 概述</h1>
        <b>1. 认识 HTML 语言</b>
        <p>HTML 的英文全称是 Hypertext Marked Language，中文叫作"超文本标记语言"。
        与一般文本不同的是，一个 HTML 文件不仅包含文本内容，还包含一些 Tag，中文称"标
        记"。</p>
    </body>
</html>
```

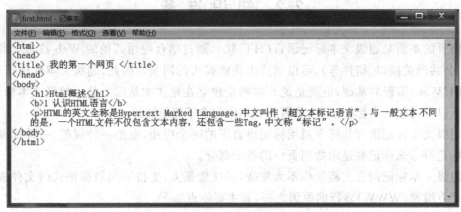

图 2-1　在记事本中创建一个 HTML 文件

若要浏览这个 first.html 文件，双击它即可。或者打开浏览器，在 File 菜单中选择 Open，然后选择这个文件就可以了。显示效果如图 2-2 所示。

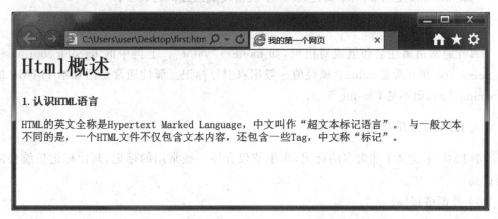

图 2-2　第一个网页在浏览器中的显示效果

【示例解释】

这个文件的第一个标记是＜html＞，这个标记告诉浏览器这是 HTML 文件的头。文件的最后一个标记是＜/html＞，表示 HTML 文件到此结束。

＜head＞和＜/head＞之间的内容是 Head 信息。Head 信息是不显示出来的，用户在浏览器中看不到，但是这并不表示这些信息没有用处。比如，你可以在 Head 信息中加上一些关键词，使搜索引擎能够搜索到你的网页。

＜title＞和＜/title＞之间的内容是这个文件的标题。用户可以在浏览器顶端的标题栏看到这个标题。

＜body＞和＜/body＞之间的信息是正文。

＜h1＞和＜/h1＞之间表示一级标题文字，以此类推，还可以有＜h2＞＜h3＞＜h4＞等标题。

＜b＞和＜/b＞之间的文字用粗体表示。＜b＞就是 bold 的意思。

HTML 文件看上去和一般文本类似，但是它比一般文本多了标记，比如＜html＞、＜b＞等，通过这些标记，可以告诉浏览器如何显示这个文件。

2. HTML 元素

HTML 元素（HTML Element）用于标记文本，表示文本的内容，body、p、title。

HTML 元素用标记表示，标记写在＜ ＞中。标记通常是成对出现的，如＜body＞＜/body＞。起始的叫作 Opening Tag（开始标记），结尾的叫作 Closing Tag（结束标记）。目前，HTML 的标记不区分大小写。比如，＜HTML＞和＜html＞其实是相同的。

3. HTML 元素的属性

HTML 元素可以拥有属性，属性可以扩展 HTML 元素的能力。比如，可以使用一个 bgcolor 属性，使页面的背景色变为红色。

```
<body bgcolor="red">
```

再比如，可以使用 border 属性，将一个表格设成无边框的表格。

```
<table border="0">
```

属性通常由属性名和值成对出现，如 name＝"value"。上例中的 bgcolor、border 就是 name，red 和 0 就是 value。属性值一般用双引号标记。属性通常是附加给 HTML 的 Opening Tag，而不是 Closing Tag。

4. HTML 常用标记

HTML 中定义了非常多的标记，本小节仅介绍一些常用的标记，其他标记后续会陆续讲到。

1）外部链接（a）

```
<a href="http://www.baidu.com" target="_blank">百度</a>
<a href="歌名.mp3">歌曲名称</a>
```

（1）href 属性。该属性用于确定链接的目标，可以是网址、电子邮件地址、文件路径。地址一般写成相对地址，尽量不要写绝对地址；"../"表示当前目录的上一级目录，"../../"表示当前目录的上一级的上一级目录。

（2）target 属性。_blank，在新窗口中打开被链接文档；_self，默认，在相同的框架中打开被链接文档；_parent，在父框架中打开被链接文档；_top，在整个窗口中打开被链接文档。

2）内部链接（a）

```
<a href="# info">单击这个就会跳转到 id 为 info 的元素</a>
```

内部链接的用途是打开指定网页的指定位置（使用 id 标识）。

3）图片（img）

```
<img src="1.jpg" alt="无图显示汉字" title="鼠标置顶显示汉字"/>
```

（1）src 属性。该属性用于确定图片的地址。

（2）alt 属性。该属性用于确定当图片不显示时，出现在该位置（原显示图片）的文字。

（3）title 属性。该属性用于确定鼠标移至图片上之后出现的提示文字。

＜img＞没有结束标签，要正确关闭该标签，应写为＜img xxx＝"" yyy＝"" /＞。

4）表格

表格由一系列元素组成：table（表格）、tr（行）、td（普通单元格）和 th（标题单元格）。

（1）表格元素（table）

① align 属性。该属性用于设置表格水平方向的对齐方式（left、center、right），只能对整个表格在浏览器页面范围内居中对齐，但是表格中单元格的对齐方式并不会因此而改变。如果要改变单元格的对齐方式，就需要在行、列或单元格内另行定义。

② cellspacing 属性和 cellpadding 属性。它们用于设置表格内部每个单元格之间的距离(单位 px)。设置单元格边框与单元格中内容之间的距离,默认情况下,单元格中的内容会紧贴表格的边框。

```
<table align="center" cellspacing="10" cellpadding="10">
</table>
```

(2) 行元素(tr)。

① align 属性。该属性用于确定行文字的水平对齐方式,left、center、right。

② valign 属性。该属性用于确定行文字的垂直对齐方式,top、bottom、middle。

(3) 普通单元格元素(td)。

单元格元素的操作对象是表格中的每一个单元格。

① align 属性。该属性用于确定单元格文字的水平对齐方式,left、center、right。

② valign 属性。该属性用于确定单元格文字的垂直对齐方式,top、bottom、middle。

③ colspan 属性。该属性用于确定控制字段横向的合并数目,其值为合并右边的单元格的个数。

④ rowspan 属性。该属性用于确定控制字段纵向的合并数目,其值为合并下面的单元格的个数。

(4) 标题单元格元素(th)。该标签出现在表格内的第一行,是 td 标签的特殊情况,是描述表格的字段名称。其显示情况为黑体居中。

5) 段落(p)与换行(br)

(1) p 元素用于划分段落。<p>段内内容</p>,该段和下段会有空行隔开。

(2) br 元素用于段内强制换行。
没有结束标签,要正确关闭该标签应写为
。

6) 水平分割线(hr)

水平分割线(hr)用于插入一条水平分割线。

(1) width 属性：水平线的宽度。<hr width="宽度">,宽度可以为百分比(相对浏览器而言,会随着浏览器的大小而改变)。

(2) size 属性：水平线的高度。<hr size="高度">,高度只能为像素。

(3) color 属性：水平线的颜色。<hr color="颜色">。

(4) align 属性：水平线的对齐方式,默认为居中对齐。<hr align="对齐方式">,center、left、right。

7) 多级标题(h1...h6,headline)

```
<h1>一级标题</h1>
<h6>六级标题</h6>
```

8) 有序列表(ol,ordered list)

有序列表依赖顺序来表示重要程度,列表中的项目有先后顺序,一般采用数字或字母作为序号。

```
<ol type="1" start="1">
```

```
    <li>第一学期</li>
    <li>第二学期</li>
    <li>第三学期</li>
</ol>
```

（1）type 属性：序号类型，1（数字：1、2、3…）；a（小写英文字母：a、b、c…）；A（大写英文字母：A、B、C…）；ⅰ（小写罗马数字：ⅰ、ⅱ、ⅲ、Ⅴ…）；Ⅰ（大写罗马数字：Ⅰ、Ⅱ、Ⅲ、Ⅳ…）；默认（不写）为 1。

（2）start 属性：只能为整数，表示序号类型从第几个编号开始。

9）无序列表（ul，unordered list）

```
<ul type="disc">
    <li>网页设计课程</li>
    <li>平面设计课程</li>
    <li>毕业设计</li>
</ul>
```

type 属性：序号类型，disc（黑色实心圆点）；circle（空心圆环）；square（正方形）；默认（不写）为 disc。

2.2.2　HTML5 及其文件基本结构

HTML5 及其文件结构

HTML5 是 HTML 的第五次重大修改。2014 年 10 月 29 日，万维网联盟宣布，经过近 8 年的艰苦努力，该标准规范终于制定完成。HTML5 的设计目的是在移动设备上支持多媒体，新的语法特征被引进以支持这一点，如 video、audio 和 canvas 标记。HTML5 还引进了新的功能，可以真正改变用户与文档的交互方式。

目前的主流浏览器已经支持 HTML5，包括 Firefox（火狐浏览器）、IE9 及其更高版本、Chrome（谷歌浏览器）、Safari、Opera 等；国内的遨游浏览器（Maxthon），以及基于 IE 或 Chromium（Chrome 的工程版或称实验版）所推出的 360 浏览器、搜狗浏览器、QQ 浏览器、猎豹浏览器等国产浏览器同样具备支持 HTML5 的能力。

HTML5 提供了一些新的元素和属性，如＜nav＞（网站导航块）和＜footer＞。这种标签将有利于搜索引擎的索引整理，同时更好地帮助小屏幕装置和视障人士使用。除此之外，HTML5 还为其他浏览要素提供了新的功能，如＜audio＞和＜video＞标记。

一些过时的 HTML4 标记将被取消，其中包括纯粹显示效果的标记，如＜font＞和＜center＞，它们已经被 CSS 取代。

对于网页开发来说，HTML5 有以下重大变化。

1. 文档具有语义化特性

在 HTML4 中文档是不具有主义结构的，实际上更多的就是排版的作用，HTML5 通过一些新增的标记来标识文档的主义，具体如下。

（1）section：定义文档中的节。

（2）header：页面上显示的页眉，与 head 元素不同。

（3）footer：页面上显示的页脚，一般用于显示网站版权信息或联系方式。

（4）nav：网站导航部分。

（5）article：指定网站的文章内容部分，如博客内容、杂志内容等。

使用结构化语义的元素使 HTML 的代码更容易识读，也可以让整个页面结构更清晰。

2. 本地存储

基于 HTML5 开发的网页 APP 拥有更短的启动时间、更快的联网速度，这些全得益于 HTML5 APP Cache，以及本地存储功能、Indexed DB（HTML5 本地存储最重要的技术之一）和 API 说明文档。

3. 设备兼容

HTML5 为网页应用开发者们提供了更多功能上的优化选择，带来了更多体验功能的优势。HTML5 提供了前所未有的数据与应用接入开放接口。使外部应用可以与浏览器内部的数据直接相连，如视频影音可直接与 microphones 及摄像头相连。

4. 高效网络连接

HTML5 拥有更有效的服务器推送技术，Server-Sent Event 和 WebSockets 就是其中的两个特性，这两个特性能够帮助我们实现服务器将数据"推送"到客户端的功能。

5. 网页多媒体

HTML5 支持网页端的 Audio、Video 等多媒体功能，与网站自带的 APPS、摄像头、影音功能相得益彰。

6. 三维、图形及特效

HTML5 基于 SVG、Canvas、WebGL 及 CSS3 的 3D 功能，用户会惊叹于在浏览器中所呈现的惊人视觉效果。

7. 性能与集成

HTML5 会通过 XMLHttpRequest2 等技术解决以前的跨域等问题，使 Web 应用和网站在多样化的环境中更快速地工作。

8. 支持 CSS3

在不牺牲性能和语义结构的前提下，CSS3 中提供了更多的风格和更强的效果。此外，较之以前的 Web 排版，Web 的开放字体格式（WOFF）也提供了更高的灵活性和控制性。

下面用一个简单的小实例学习一下如何在 Visual Studio Code（VS Code）中创建一个具有语义化特性的小页面。

【实例 2-2】　打开 VS Code，通过菜单中的"文件"→"新建文件"，或者使用 Ctrl＋N 组合键新建一个文件，如图 2-3 所示。

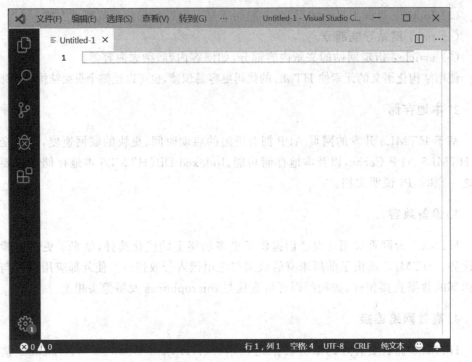

图 2-3　新建一个文档

然后，单击菜单"文件"→"保存"，或者使用 Ctrl＋S 组合键保存文件，要注意保存为.html 或者.htm 文件，如图 2-4 所示。

图 2-4　保存为.html 文件

之后，先在空白处输入一个半角的！号，再按一次 Tab 键，就得到了 HTML5 的基本文档，如图 2-5 所示。

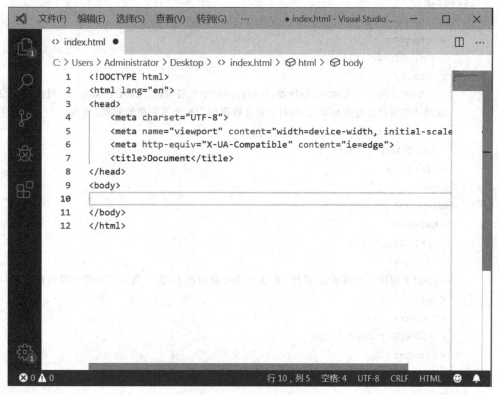

图 2-5 HTML5 基本文档结构

现在，在代码区<body></body>标签中编辑如下内容。

```
<!DOCTYPE html>
<html lang="en">
<head>
    <meta charset="UTF-8">
    <meta name="viewport" content="width=device-width, initial-scale=1.0">
    <meta http-equiv="X-UA-Compatible" content="ie=edge">
    <title>小米的博客</title>
</head>
<body>
<nav>
  <ul>
    <li><a href="# ">首页</a></li>
    <li><a href="# ">博文</a></li>
    <li><a href="# ">相册</a></li>
    <li><a href="# ">个人档案</a></li>
  </ul>
```

```
    </nav>
    <div id="container">
      <section>
        <article>
          <header>
            <h1>HTML5</h1>
          </header>
          <p>HTML5 是下一代 HTML 的标准,目前仍然处于发展阶段。经过了 Web 2.0 时代,基于互
联网的应用已经越来越丰富,同时也对互联网应用提出了更高的要求。</p>
              <footer>
              <p>编辑于 2019.5</p>
              </footer>
        </article>
        <article>
          <header>
            <h1>CSS3</h1>
          </header>
          <p>对于前端设计师来说,虽然 CSS3 不全是新的技术,但它重启了一扇奇思妙想的窗口。
          </p>
          <footer>
            <p>编辑于 2019.5</p>
          </footer>
        </article>
      </section>
      <aside>
        <article>
          <h1>简介</h1>
          <p><a href="# ">HTML5 和 CSS3</a>正在掀起一场变革,它不是在代替 Flash,而是
正在发展成为开放的 Web 平台,不但在移动领域建功卓著,而且对传统的应用程序发起
挑战。</p>
        </article>
      </aside>
      <footer>
        <p>版权所有 2019</p>
        <p> </p>
      </footer>
    </div>
    </body>
    </html>
```

然后选择一个浏览器看一下文件 index.html 显示的效果,如图 2-6 所示。

这个页面看上去并不美观,这没关系,后面我们还会用 CSS 控制页面的显示效果。

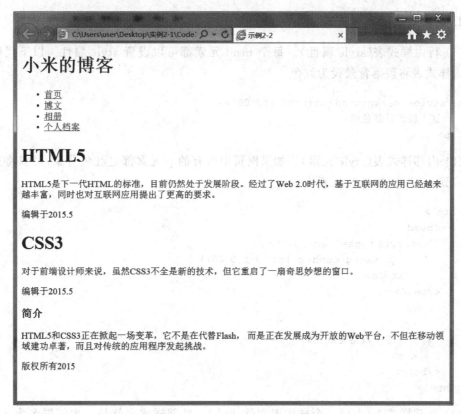

图 2-6 实例在 IE 中的显示效果

2.2.3 CSS 基础

在网页设计中,HTML 用于显示网页内容,而 CSS(Cascading Style Sheets 级联样式表)则用于控制网页显示效果,如字体、颜色、边距、高度、宽度、背景图像、高级定位等。

样式表基础

1. 基本语法

CSS 基本语法如图 2-7 所示。

```
p {background-color: #ff0000;}
```

属性值,如红色的属性值为#ff0000

属性名称,如背景色的属性名称为background-color

选择器,用于选择一个或多个html元素,被选中的元素的样式则按{}中定义的样式显示

图 2-7 CSS 基本语法格式

2. 定义 CSS 的三种方式

（1）行内样式表（style 属性）。每个 html 元素都可以设置 style 属性。以下代码通过行内样式表将段落背景设为红色。

```
<p style="background-color:# ff0000">
    这个段落是红色的
</p>
```

（2）内部样式表（style 元素）。如果网页中所有的 p 元素都是红色背景，可以将这段样式写到 head 中的 style 元素中。

```
<html>
    <head>
        <style type="text/css">
            p {background-color: # ff0000;}
        </style>
    </head>
    <body>
        <p>
            这个段落是红色的
        </p>
    </body>
</html>
```

（3）外部样式表（引用一个样式表文件，link）。外部样式表就是一个扩展名为 css 的文本文件，它通常被存放于网站某个目录下（如 style）。要在网页中引用一个外部样式表文件（如 style.css），可以在 html 文档的 head 部分创建一个指向外部样式表文件的链接（link）。

```
<link rel="stylesheet" type="text/css" href="style/style.css"/>
```

href 属性表示 css 文件的访问路径。

外部样式表是大部分网站采用的方式，这种方式能灵活地管理整个网站的样式：一个网页可以在 head 部分引用多个 css 文件；相应地，同一个 css 文件可以被多个网页引用。在这种情况下，如果需要调整某个样式，仅需要修改对应的 css 文件中的内容即可。

需要注意的是，以上三种样式的定义方式是可以混合使用的。一般情况下，这三种样式优先级为（行内样式）Inline style＞（内部样式）Internal style sheet＞（外部样式）External style sheet＞浏览器默认样式。

2.2.4　CSS 选择器

1. CSS 基本选择器

（1）通用元素选择器（ * ），匹配任何元素。

选择器详解

```
* { margin:0; padding:0; }
```

（2）标签选择器（E），匹配所有使用 E 标签的元素。

```
p { font-size:2em; }
```

（3）class 选择器（如.info），匹配所有 class 属性中包含 info 的元素。

```
.info { background:#ff0; }
p.info { background:#ff0; }
```

（4）id 选择器（如#footer），匹配所有 id 属性等于 footer 的元素。

```
#info { background:#ff0; }
p#info { background:#ff0; }
```

2. CSS 基于关系的选择器

CSS 基于关系的选择器如表 2-1 所示。

表 2-1　CSS 基于关系的选择器

选　择　器	例　子	描　　述
element,element	div,p	选择所有<div>元素和<p>元素
element element	div p	选择<div>元素内的所有<p>元素（所有子孙元素）
element>element	div>p	选择所有父级是 <div> 元素的 <p> 元素
element+element	div+p	选择所有紧接着<div>元素之后的<p>元素

3. CSS 属性选择器

CSS 属性选择器如表 2-2 所示。

表 2-2　CSS 属性选择器

选　择　器	例　子	描　　述
[attribute]	[target]	选择所有带有 target 属性的元素
[attribute=value]	[target=_blank]	选择所有使用 target="_blank"的元素
[attribute~=value]	[title~=flower]	选择标题属性包含单词"flower"的所有元素
[attribute*=value]	[title*=flower]	选择标题属性包含字符串"flower"的所有元素
[attribute^=value]	[title^=flower]	选择标题属性以"flower"开头的所有元素
[attribute$=value]	[title$=flower]	选择标题属性以"flower"结尾的所有元素

4. 伪类选择器

伪类选择器如表 2-3 所示。

表2-3　伪类选择器

选择器	例　子	描　述
:link	a:link	匹配所有未被访问的链接，通常用于<a>元素
:visited	a:visited	匹配所有已被访问的链接
:hover	a:hover	选择鼠标指针位于其上的链接。 **提示**："hover"选择器可用于所有元素，不仅是链接
:active	a:active	匹配被用户激活的链接—用户按下按键未松开时的状态。 为了产生预期的效果，以上四个选择器必须按照先后顺序排列 ":link"—":visited"—":hover"—":active"
:first-child	p:first-child	选择每个p元素是其父级的第一个子级（也就是说，只有p元素是第一个子元素时才会应用样式，而不是选择每个p元素的第一个子元素）
:last-child	p:last-child	选择每个p元素是其父级的最后一个子级

2.2.5　CSS盒子模型

盒子模型也可以称为框模型（Box Model），对于网页设计和布局十分重要。对于盒子模型有两个要点。

CSS 盒子模型

（1）所有的HTML元素都可以看作一个矩形的盒子。

（2）而每一个盒子由五个部分组成，也就是包含了五个要素。元素的宽度（width）和高度（height）、边框（border）、内边距（padding）和外边距（margin）。其中内边距是元素与边框之间的空隙，外边距是边框与其他外部元素之间的间隙。而边框（border）、内边距（padding）和外边距（margin）在CSS属性中又可以被分为上、右、下、左四个部分，如图2-8所示。

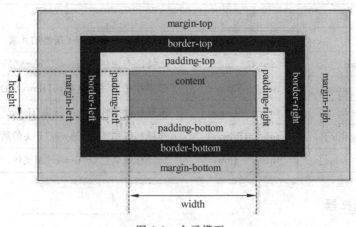

图2-8　盒子模型

2.2.6 常用 CSS 属性

1. CSS 背景属性（background）

CSS 背景属性如表 2-4 所示。

常用 CSS 属性（文本字体）

常用 CSS 属性（背景）

表 2-4   CSS 背景属性

属　　性	描　　述
background	在一个声明中设置所有的背景属性
background-attachment	设置背景图像是否固定或者随着页面的其余部分滚动
background-color	设置元素的背景颜色
background-image	设置元素的背景图像
background-position	设置背景图像的开始位置
background-repeat	设置是否及如何重复背景图像

```
/* 背景颜色 */
p {background-color: gray;}

/* 背景图片 */
body {background-image: url(/i/eg_bg_04.gif);}

/* 背景图片重复 */
body
{
    background-image: url(/i/eg_bg_03.gif);
    background-repeat: repeat-y;
}
```

2. CSS 边框属性（border）

CSS 边框属性如表 2-5 所示。

表 2-5   CSS 边框属性

属　　性	描　　述
border	在一个声明中设置所有的边框属性
border-bottom	在一个声明中设置所有的下边框属性
border-bottom-color	设置下边框的颜色
border-bottom-style	设置下边框的样式
border-bottom-width	设置下边框的宽度
border-color	设置四条边框的颜色
border-left	在一个声明中设置所有的左边框属性
border-left-color	设置左边框的颜色
border-left-style	设置左边框的样式

续表

属　性	描　述
border-left-width	设置左边框的宽度
border-right	在一个声明中设置所有的右边框属性
border-right-color	设置右边框的颜色
border-right-style	设置右边框的样式
border-right-width	设置右边框的宽度
border-style	设置四条边框的样式
border-top	在一个声明中设置所有的上边框属性
border-top-color	设置上边框的颜色
border-top-style	设置上边框的样式
border-top-width	设置上边框的宽度
border-width	设置四条边框的宽度

```
/* 边框样式 */
p {border-style: solid; border-left-style: none;}

/* 边框宽度 */
p {border-style: solid; border-width: 5px;}

/* 边框颜色 */
p
{
    border-style: solid;
    border-color: blue red;
}
```

3. CSS 尺寸属性（dimension）

CSS 尺寸属性如表 2-6 所示。

表 2-6　CSS 尺寸属性

属　性	描　述	属　性	描　述
height	设置元素高度	min-height	设置元素的最小高度
max-height	设置元素的最大高度	min-width	设置元素的最小宽度
max-width	设置元素的最大宽度	width	设置元素的宽度

4. CSS 字体属性（font）

CSS 字体属性如表 2-7 所示。

表 2-7　CSS 字体属性

属　　性	描　　述
font	在一个声明中设置所有字体属性
font-family	规定文本的字体系列
font-size	规定文本的字体尺寸
font-size-adjust	为元素规定 aspect 值
font-stretch	收缩或拉伸当前的字体系列
font-style	规定文本的字体样式
font-variant	规定是否以小型大写字母的字体显示文本
font-weight	规定字体的粗细

```
/* 指定字体系列 */
p
{
    font-family: Times, TimesNR, 'New Century Schoolbook',Georgia, 'New York',
serif;
}

/* 字体加粗 */
p.thick {font-weight:bold;}

/* 字体大小 */
h2 {font-size:40px;}
h3 {font-size:2.5em;}

/* 结合使用百分比和 EM */
body {font-size:100%;}
h1 {font-size:3.75em;}
h2 {font-size:2.5em;}
p {font-size:0.875em;}
```

5. CSS 外边距属性（margin）

CSS 外边距属性如表 2-8 所示。

表 2-8　CSS 外边距属性

属　　性	描　　述
margin	在一个声明中设置所有外边距属性
margin-bottom	设置元素的下外边距
margin-left	设置元素的左外边距
margin-right	设置元素的右外边距
margin-top	设置元素的上外边距

```
/* h1 元素的各个边上设置了 1/4 英寸宽的空白 */
h1 {margin : 0.25in;}


/*
h1 元素的四个边分别定义了不同的外边距，所使用的长度单位是像素（px）
这些值的顺序是从上外边距（top）开始围着元素顺时针旋转的
margin: top right bottom left
*/


h1 {margin : 10px 0px 15px 5px;}


/* 为 margin 设置一个百分比数值 */
p {margin : 10%;}
```

6. CSS 内边距属性（padding）

CSS 内边距属性如表 2-9 所示。

表 2-9　CSS 内边距属性

属　　性	描　　述
padding	在一个声明中设置所有内边距属性
padding-bottom	设置元素的下内边距
padding-left	设置元素的左内边距
padding-right	设置元素的右内边距
padding-top	设置元素的上内边距

```
/* h1 元素的各边都有 10 像素的内边距 */
h1 {padding: 10px;}


/*
按照上、右、下、左的顺序分别设置各边的内边距
各边均可以使用不同的单位或百分比值
*/
h1 {padding: 10px 0.25em 2ex 20%;}
```

7. CSS 定位属性（positioning）

CSS 定位属性如表 2-10 所示。

表 2-10　CSS 定位属性

属　　性	描　　述
bottom	设置定位元素下外边距边界与其包含块下边界之间的偏移
clear	规定元素的哪一侧不允许其他浮动元素
clip	剪裁绝对定位元素
cursor	规定要显示的光标的类型（形状）
display	规定元素应该生成的框的类型

续表

属　　性	描　　述
float	规定框是否应该浮动
left	设置定位元素左外边距边界与其包含块左边界之间的偏移
overflow	规定当内容溢出元素框时发生的事情
position	规定元素的定位类型
right	设置定位元素的右外边距边界与其包含块右边界之间的偏移
top	设置定位元素的上外边距边界与其包含块上边界之间的偏移
vertical-align	设置元素的垂直对齐方式
visibility	规定元素是否可见
z-index	设置元素的堆叠顺序

8. CSS 文本属性（text）

CSS 文本属性如表 2-11 所示。

表 2-11　CSS 文本属性

属　　性	描　　述
color	设置文本的颜色
direction	规定文本的方向/书写方向
letter-spacing	设置字符间距
line-height	设置行高
text-align	规定文本的水平对齐方式
text-decoration	规定添加到文本的装饰效果
text-indent	规定文本块首行的缩进
text-shadow	规定添加到文本的阴影效果
text-transform	控制文本的大小写
white-space	规定如何处理元素中的空白
word-spacing	设置单词间距

```
/* 文字缩进 */
p {text-indent: 5em;}

/* 没有下画线的超链接 */
a {text-decoration: none;}
```

现在，我们来把前面实例 2-2 的页面用 CSS 来定义它的显示效果。

【实例 2-3】　在 VS Code 中打开实例 2-2，然后新建一个文档，并把该文档保存为 CSS 文件来创建一个外部样式表，如图 2-9 所示。

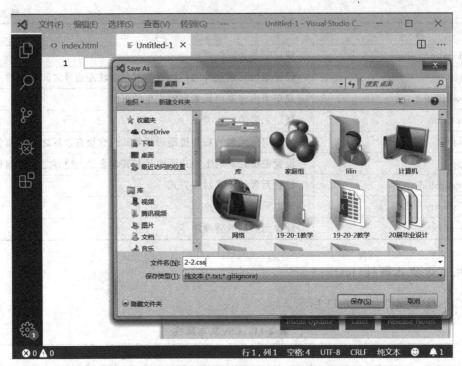

图 2-9   新建 CSS 文档

在这个文档中编辑下面的代码。

```
body {
    font-family:Arial, Helvetica, sans-serif;
    margin:0px auto;
    max-width:700px;
    border:solid 0;
    border-color:#999;
    background-color:#ccc;
    padding:5px;
}
h1, h2, h3 {
    margin:0px;
    padding:0px;
}
h1 {
    font-size:36px;
}
h2 {
    font-size:24px;
    text-align:center;
}
h3 {
    font-size: 18px;
    text-align: center;
```

```
        color: #0099FF;
    }
    header {
        background-color:#fff;
        display:block;
        color:#666;
        text-align:center;
        border-bottom:2px solid #FFF;
    }
    header h1{
        margin:0px;
        padding:5px;
        font-size:30px;
    }
    header p{
        margin:0px;
        padding:0;
        font-size:16px;
    }
    nav {
        text-align:left;
        display:block;
        background-color:#0099FF;
        height:30px;
        border-bottom:1px solid #333;
    }
    nav ul {
        padding:0;
        margin:0;
        list-style:none;
    }
    nav ul li{
        float:left;
        margin-left:20px;

    }
    nav ul li:hover{
        background-color:#666;

    }
    nav a:link, nav a:visited {
        display:block;
        text-decoration:none;
        font-weight:bold;
        margin:5px;
        color:#e4e4e4;
    }
    nav a:hover {
        color:#FFFFFF;
```

```
    }
    nav h3 {
        margin:15px;
        color:#fff;
    }
    #container {
        background-color:#fff;
        text-align:left;
    }
    section {
        display:block;
        width:75%;
        float:left;
    }
    article {
        text-align:left;
        display:block;
        margin:10px;
        padding:10px;
        border:1px solid #0099FF;
    }
    article header {
        text-align:left;
        border-bottom:1px dashed #0099FF;
        padding:5px;
    }
    article header h1{
        font-size:18px;
        line-height:25px;
        padding:0;
    }
    article footer {
        text-align:left;
        padding:5px;
    }
    aside {
        text-align:left;
        display:block;
        width:25%;
        float:left;
    }
    aside article{
        background:#e4e4e4;
        border:1px solid #ccc;
    }
    aside h1 {
        margin:10px;
        color:#666;
        font-size:18px;
```

```
}
aside p {
    margin:10px;
    color:#666;
    line-height:22px;
}
footer {
    display:block;
    clear:both;
    border-top:1px solid #0099FF;
    color:#666;
    text-align:center;
    padding:10px;
}
footer p {
    font-size:14px;
    color:#666;
    margin:0;
    padding:0;
}
p{
    font-size:14px;
}
a {
    color:#0099FF;
}
a:hover {
    text-decoration:underline;
    cursor:pointer;
}
```

把这个 CSS 文档保存在和 HTML 文档相同的文件夹下，然后起一个名字，比如 2-2.css。接下来，在实例 2-2 的 HTML 文档的源码的<head></head>中加入下面的代码，用于指定样式表的链接，如图 2-10 所示。

```
<link rel='stylesheet' type="text/css" href="2-2.css">
```

```
<!DOCTYPE html>
<html lang="en">
<head>
    <meta charset="UTF-8">
    <meta name="viewport" content="width=device-width, initial-scale
    <meta http-equiv="X-UA-Compatible" content="ie=edge">
    <link rel='stylesheet' type="text/css" href="2-2.css">
    <title>小米的博客</title>
</head>
<body>
```

图 2-10　在 HTML 源码中加入 CSS 文档的引用

再用浏览器进行预览，我们发现页面的显示生动、美观了很多，如图 2-11 所示。

图 2-11   加入 CSS 后的显示效果

2.2.7   CSS3 简介

CSS3 特级

CSS3 是 CSS 技术的升级版本，CSS3 语言开发是朝着模块化发展的。以前的规范作为一个模块实在是太庞大且比较复杂，所以，把它分解为一些小的模块，更多新的模块也被加入进来。这些模块包括盒子模型、列表模块、超链接方式、语言模块、背景和边框、文字特效、多栏布局等。

相比上个版本 CSS2.1 来说，CSS3 有如下比较重要的改进。

1. 边框

（1）border-color：控制边框颜色，并且有了更大的灵活性，可以产生渐变效果。

（2）border-image：控制边框图像。

（3）border-corner-image：控制边框边角的图像。

（4）border-radius：能产生类似圆角矩形的效果。

2. 背景

（1）background-origin：决定了背景在盒模型中的初始位置，提供了 3 个值：border、padding 和 content。

（2）border：控制背景起始于左上角的边框。

（3）padding：控制背景起始于左上角的留白。

（4）content：控制背景起始于左上角的内容。

（5）background-clip：决定边框是否覆盖住背景（默认是不覆盖），提供了两个值，border 和 padding，其中 border 会覆盖住背景，而 padding 不会覆盖背景。

（6）background-size：可以指定背景大小，以像素或百分比显示。当指定为百分比时，大小会由所在区域的宽度、高度，以及 background-origin 的位置决定。

（7）multiple backgrounds：多重背景图像，可以把不同背景图像只放到一个块元素里。

3. 文字效果

（1）text-shadow：文字投影。

（2）text-overflow：当文字溢出时，用"…"提示，包括 ellipsis、clip、ellipsis-word、inherit，ellipsis 和 clip 在 CSS2 就有了，还是部分支持；ellipsis-word 可以省略最后一个单词，对中文意义不大；inherit 可以继承父级元素。

4. 颜色

除了支持 RGB 颜色外，CSS3 还支持 HSL（色相、饱和度、亮度）。以前一般都是作图时用 HSL 色谱，但这样一来会包括更多的颜色。H 用度表示，S 和 L 用百分比表示，如 hsl(0,100%,50%)。

（1）HSLA colors：加了个不透明度（Opacity），用 0 到 1 之间的数来表示，如 hsla(0,100%,50%,0.2)。

（2）opacity：直接控制不透明度，用 0 到 1 之间的数来表示。

（3）RGBA colors：和 HSLA colors 类似，加了个不透明度。一直以来，浏览器的透明一直无法实现单纯的颜色透明，每次使用 alpha 后就会把透明的属性继承到子节点上。换句话说，很难实现背景颜色透明而文字不透明的效果，直到 RGBA 颜色的出现。

实现这样的效果非常简单，设置颜色时我们使用标准的 rgba() 单位即可，如 rgba(255,0,0,0.4)，这样就出现了一个红色同时拥有 alpha 透明为 0.4 的颜色。

经过测试，firefox3.0、safari3.2、opera10 都支持了 rgba 单位。

5. 动画属性

CSS3 可以产生与动画相关的属性有 3 大类，分别是 2D 及 3D 转换（transform）、过渡效果（transition）和动画（animation）。

（1）2D 及 3D 转换是对元素进行移动、缩放、转动、拉长或拉伸等变换，语法如下。

```
transform: rotate | scale | skew | translate |matrix;
```

其中，rotate 表示旋转；scale 表示缩放；skew 表示扭曲；translate 表示移动；matrix 表示矩阵变形。

（2）过渡效果是当元素从一种样式变换为另一种样式时为元素添加效果。

transition 主要包含四个属性值：执行变换的属性 transition-property，变换延续的时间 transition-duration，在延续时间段变换的速率变化 transition-timing-function，变换延迟时间 transition-delay。

（3）动画（animation）可以在许多网页中取代动画图片、Flash 动画及 JavaScript。

6. 用户界面

resize：可以由用户自己调整 div 的大小，有 horizontal（水平）、vertical（垂直）或者 both（同时），或者同时调整。如果再加上 max-width 或 min-width，还可以防止破坏布局。

7. 选择器

CSS3 增加了更多的 CSS 选择器，可以实现更简单但是更强大的功能，如 nth-child()等。
Attribute selectors：在属性中可以加入通配符，包括^、$、*。

2.3　任务 1　网站规划与设计

2.3.1　个人主页的布局分析

个人主页是指因特网上一块固定的面向全世界发布消息的地方，通常包括主页和其他具有超链接文件的页面。个人主页是指个人因某种兴趣、拥有某种专业技术、提供某种服务或把自己的作品、商品展示销售而制作的具有独立空间域名的网站。

单页网站作为一个流行趋势已有一段时间了，但它们的受欢迎程度似乎并没有任何减少。这种页面设计方法并不适用于每个项目，但有时它是合适的、是有意义的。例如，当没有很多内容，而且你知道的内容在未来不会增长很多时，那么制作成单页网站（Single Page Websites）的形式是很好的选择。本项目设计的个人主页是一个类似于"个人简历"的网站，为了方便网站发布，将网站设计为一个单页网站。

网站规划与设计

网站具体包含的模块如表 2-12 所示。

表 2-12　网站模块

序　号	模块名称	说　明
1	导航	一组超链接
2	个人简介	图文
3	教育经历	表格
4	个人专长	图集
5	工作经历	表格
6	作品图集	图集
7	与我联系	图片＋文字

2.3.2 相关知识:网页布局简介

网页布局是以合适浏览的方式将图片和文字排放在页面的不同位置,不同的制作者会有不同的布局设计。布局有很多种方式,一般分为以下几个部分:头部区域、菜单导航区域、内容区域、底部区域,如图 2-12 所示。

网页布局简介

图 2-12 网页常见布局

其中,内容区域又可以有很多种样式,如单列(一般用于移动端,见图 2-13)、两列(见图 2-14)、三列(见图 2-15)、多列。

图 2-13 单列布局

图 2-14　两列布局

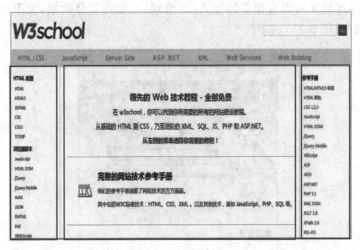

图 2-15　三列布局

　　网页的布局在代码的实现上经常用两种方式：一种是用 HTML 表格，另一种是 DIV＋CSS。下面举例简单说明这两种布局方式。网页的整体结构如图 2-16 所示。

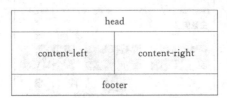

图 2-16　网页的整体结构

如果使用表格布局,那么整体是一个三行两列的表格,其中第一行和第三行都横跨两列。HTML的代码大体如下。

```
<table>
    <tr>
        <td colspan="2">head</td>
    </tr>
    <tr>
        <td>content-left</td>
        <td>content-right</td>
    </tr>
    <tr>
        <td colspan="2">footer</td>
    </tr>
</table>
```

看上去比较直观,但问题是,布局一旦需要修改就非常麻烦,而且生成的网页代码除了表格本身的代码,还有许多没有任何意义的图像占位符及其他元素,文件庞大、下载速度慢,对搜索引擎也并不友好。

另一种,DIV+CSS的布局方式是现代网页的主流布局方式。首先来认识一下<div></div>这个标签,它几乎是网页上使用最多的一个标签,它表示文档中的一个分隔区块或者一个区域,也有人把它叫作层。上面的例子如果采用DIV布局,HTML框架代码大概如下。

```
<div>header</div>
    <div>
        <div>content-left</div>
        <div>content-right</div>
    </div>
<div>footer</div>
```

当然,仅仅是HTML代码是不够的,需要配合CSS来进行定位。可以肯定的是,这种布局方式好处很多,特别是实现了内容(HTML)、表现(CSS样式)和行为(JavaScript)的分离,代码简洁,易于修改和维护。

2.3.3　个人主页的布局的实现

下面我们来搭建网页的整体框架。

1. 新建网页

使用网页设计工具,新建一个名为index.html的网页,按如下内容
编辑网页代码。

个人简介模块布局

```
<!DOCTYPE html>
<html lang="en">
<head>
    <meta charset="UTF-8">
```

```
    <meta name="viewport" content="width=device-width, initial-scale=1.0">
    <meta http-equiv="X-UA-Compatible" content="ie=edge">
    <title>个人主页</title>
</head>

<body>
    <div id="nav">
        <h1>×××的个人简介</h1>
    </div>
</body>

</html>
```

【代码说明】

<!DOCTYPE html> 声明当前网页是 HTML5 版本。为了说明文档使用的超文本标记语言标准，所有超文本标记语言文档应该以"文件类型声明"（外语全称加缩写<!DOCTYPE>）开头，引用一个文件类型描述或者必要情况下自定义一个文件类型描述。

<html>与</html>之间的文本描述网页，说明该文件是用超文本标记语言描述的。<html>是文件的开头，而</html>则表示该文件的结尾，它们是超文本标记语言文件的开始标记和结尾标记。

<head>与</head>之间的内容表示网页头部信息。头部中包含的标记是页面的标题、关键字、说明等内容，它本身不作为内容来显示，但影响网页显示的效果。

<title>与</title>之间的文本是网页标题，出现在浏览器的标题栏。如果网页被收藏，网页标题会被用作书签和收藏清单的项目名称。

<body>与</body>之间的文本是可见的页面内容。

<div id="nav">表示这个 div 元素的 id 为 nav（navigation 导航英文的简称），在网页设计中，一般用 nav 表示导航元素。<div>元素是块级元素（独占一整行，浏览器会在其前后显示自动换行），它是 html 中最常用的容器，用于组合多种 html 元素。

<h1>与</h1>之间的文本被显示为标题。在 HTML 中，专用于显示标题（Heading）的元素是通过<h1>-<h6>等标签进行定义的，h1 表示最大级别的标题，h6 则最小。

2. 添加各个模块的内容区域

在网页中，除了导航区域外，还需要其他的内容区域，可以先将这些区域的框架添加到网页中，以便于网页调试。将如下代码添加到<div id="nav">...</div>之后。

```
<div id="info1">
    <!--个人简介-->
</div>
<div id="info2">
    <!--教育经历-->
</div>
```

```
<div id="info3">
    <!--个人专长-->
</div>
<div id="info4">
    <!--工作经历-->
</div>
<div id="info5">
    <!--作品图集-->
</div>
<div id="info6">
    <!--与我联系-->
</div>
```

<!--...-->表示一段注释，不会显示在浏览器中，使用注释对代码进行解释，这样做有助于在以后对代码的编辑。当编写了大量代码时，这尤其有用。

到此，我们搭建了网页的基本结构。网页最上面的部分是导航，但是我们把这部分放到最后，先完成各内容模块的制作。

2.4　任务2　个人简介模块

2.4.1　个人简介模块的制作

1. 准备网页素材

个人简模块样式

在本模块中，需要的素材为一张个人照片（jpg 格式）及一段个人简介的文字。需要注意的是，由于本模块的背景颜色为深色，所以在选取照片时，请选择浅色调的图片以增加对比度。

在站点根目录下创建名为 img 的子目录，将照片命名为 headimg.jpg 复制到 img 中。由于网页中会用到很多图片资源，把所有的图片资源统一放在一个文件夹中会比较容易管理。

2. 添加网页内容

将如下 HTML 代码添加到<div id="info1"></div>元素内部。

```
<div id="info1" class="container bg-primary">
    <!--个人简介-->
    <img class="headimg" src="img/headimg.jpg"/>
    <h2>
        About me
    </h2>
    <p class="text">
    你好，欢迎访问我的个人网站，我是×××，是一名网页设计师，主要从事企业网站建设及淘
宝阿里巴巴店铺装修，网页设计是我的工作也是我的兴趣爱好，希望以后继续努力，做更好的网
站，呵呵！
    </p>
```

```
<p class="text">
```
　　本人性格开朗,乐于助人,无论是在生活中还是在工作中,人缘都很好,我这样的性格有助于整个工作团队的凝聚力。对待工作,我一直都保持着一种比较认真的态度,我的工作能力很强,对于专业知识的掌握很好,所以能够胜任这种工作。在工作中,我一直都具备较强的责任心,创意丰富的我,相信一定能够在 IT 行业中发光发热。在工作中,我处理问题的能力很强,具备丰富的工作经验,也就能够看出,我在工作中不俗的工作能力了。
```
    </p>
</div>
```

【代码说明】

　　＜img class＝"headimg" src＝"img/headimg.jpg" /＞是一个图片元素,图片的资源(src)为 headimg.jpg,因为之前把图片放了 img 子目录下,所以,在填写图片 src 属性值时,需要带上路径,否则浏览器会无法找到该图片。值得注意的是,这个 img 元素有一个 class(css 类名称),这个 class 会在下一步进行设计。

　　＜h2＞＜/h2＞表示当前模块的二级标题,因为导航模块中使用了 h1 作为网页的一级标题,所以这里使用 h2 作为二级标题。在当前的 CSS 定义(.container＞h2 子元素选择器)中,h2 是 container 类之下的,所以如果要使 h2 的样式起效果,html 的格式必须如下。

```
<xxx class="container">
    <h2></h2>
</xxx>
```

　　＜p class＝"text"＞＜/p＞表示当前模块的正文部分,与 title 类似,text 也是在 container 类之下的。

　　在当前的 css 定义(.container＞.text 子元素选择器)中,text 类是 container 类之下的,所以如果要使 text 类的样式起效果,html 的格式必须如下。

```
<xxx class="container">
    <yyy class="text"></yyy>
</xxx>
```

3. 添加网页样式

　　在 2.2.3 小节中我们学习了创建 CSS 的三种方式,在这里采用内部或外部样式表都是可以的。如果采用内部样式表,则将如下 CSS 代码添加到网页头的＜style＞＜/style＞元素中。

```
body
{
    margin: 0px;
    padding: 0px;
    font-size: 14px;
}
.container{
    padding: 20px;
}
```

```
.container  .heading {
    margin: 10px auto;
    width: 200px;
    height: 200px;
    display: block;
}
.container  .text {
    line-height:1.5em;
}
.bg-primary{
    background-color:#639;
    color:#fff;
}
p{
    text-indent:2em;
}
```

【代码说明】

body{…}表示设置 body 元素的样式,因为 body 元素是整个网页可见区域的根元素,所以可以把 body 元素的样式看作整个网页的通用样式。在 CSS 中,以元素名称命名的样式称为元素选择器(又称为类型选择器),该样式将被应用到所有制定名称的元素中。

.container{}表示定义一个名为 container 的 CSS 样式类,称为类选择器。为了将类选择器的样式与元素关联,必须将类选择器的名称指定到元素的 class 属性值中,如<div class=" container ">…</div>。

4. 效果图

在网页中的显示效果如图 2-17 所示。

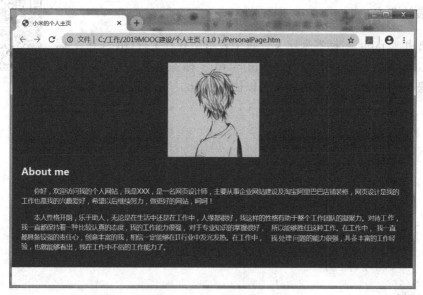

图 2-17 个人简介模块

2.4.2 关联知识：相对路径和绝对路径

代码<img class＝"headimg" src＝"img/headimg.jpg" />表示加载一张图片，在这里是引用外部资源，而在网页中，对外部资源的引用有两种路径方式。

相对路径和绝对路径

1. 相对路径

相对路径是由当前文件所在的路径引起的跟其他文件（或文件夹）的路径关系。

（1）./表示当前一级的目录(./ 可以省略)。

（2）../表示向上一级的目录。

（3）../../表示向上一级再向上一级的目录。

2. 绝对路径

（1）绝对路径名的指定是从树形目录结构顶部的根目录开始到某个目录或文件的路径。

（2）比如：background-image：url("c:/个人主页/img/bg.jpg");。

（3）比如：<link href＝"https://cdn.jsdelivr.net/npm/bootstrap@3.3.7/dist/css/bootstrap.css" rel＝"stylesheet">。

2.5 任务3 教育经历模块

2.5.1 关联知识：表格元素与样式

1. 表格元素

表格元素及样式

表格由 <table> 标签来定义。每个表格均有若干行（由 <tr> 标签定义），每行被分割为若干单元格（由 <td> 标签定义）。字母 td 指表格数据(table data)，表格的表头可以使用 <th> 标签进行定义。

```
<table>
    <tr>
        <th>列头 1</th>
        <th>列头 2</th>
    </tr>
    <tr>
        <td>1 行 1 列</td>
        <td>1 行 2 列</td>
    </tr>
    <tr>
        <td>1 行 1 列</td>
        <td>2 行 2 列</td>
    </tr>
</table>
```

列头1 列头2
1行1列 1行2列
1行1列 2行2列

图 2-18 代码运行效果

以上代码的运行效果如图 2-18 所示。

从显示效果可以看到，在没有添加 CSS 定义时，表格是没有边框线的，下面我们来学习一些表格相关的 CSS 属性。

2. CSS 表格属性

CSS 表格属性如表 2-13 所示。

表 2-13 CSS 表格属性

属 性	描 述
border-collapse	规定是否合并表格边框
border-spacing	规定相邻单元格边框之间的距离
caption-side	规定表格标题的位置
empty-cells	规定是否显示表格中的空单元格上的边框和背景
table-layout	设置用于表格的布局算法

现在为表 2-13 添加一些 CSS 属性。

```
/*合并表格边框(细边框)*/
table
{
  border-collapse:collapse;
}

table, td, th
{
  border:1px solid black;
}

<table>
    <tr>
        <th>列头 1</th>
        <th>列头 2</th>
    </tr>
    <tr>
        <td>1 行 1 列</td>
        <td>1 行 2 列</td>
    </tr>
    <tr>
        <td>1 行 1 列</td>
        <td>2 行 2 列</td>
    </tr>
</table>
```

列头1	列头2
1行1列	1行2列
1行1列	2行2列

图 2-19 代码运行效果

这段代码的运行效果如图 2-19 所示。

3. 表格的跨行跨列

上面例子中的表格是二维表，但是，平时我们绘制的表格并不都是这种规整的二维表，所以，接下来我们来学习一下如何实现表格的跨行跨列。

td 标签中的 rowspan＝"n"表示跨行，n 代表要跨的行数；colspan＝"n"表示跨 n 列，这是跨列的效果。需要注意的是，rowspan 和 colspan 都是写在 td 标签中的，来看一个实例，如图 2-20 所示。

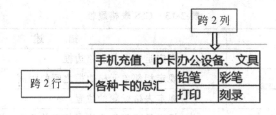

图 2-20　跨行跨列表格

实例代码如下。

```
<style>
    table {
        border-collapse: collapse;
    }
    table,td,th {
        border: 1px solid black;
    }
</style>

<table>
    <tr>
        <td>手机充值、ip 卡</td>
        <td colspan="2">办公设备、文具</td>
    </tr>
    <tr>
        <td rowspan="2">各种卡的总汇</td>
        <td>铅笔</td>
        <td>彩笔</td>
    </tr>
    <tr>
        <td>打印</td>
        <td>刻录</td>
    </tr>
</table>
```

2.5.2　教育经历模块的制作

1. 准备网页素材

在本模块中，需要将个人的教育经历添加到网页中，教育经历可以

教育经历模块
布局及样式

从小学开始记录，一直记录到当前；如果中间有参加一些培训班的经历，也应该尽量添加到教育经历中，所需信息包括学校及培训机构、起讫时间、主修专业/技能、学历及是否毕业/结业、佐证人及电话。

2. 添加网页内容

将如下 HTML 代码添加到＜div id＝"info2"＞＜/div＞元素内部。

```
<div id="info2" class="container bg-info">
    <div class="title">教育经历</div>
    <table class="table">
        <tr>
            <th>学校及培训机构</th>
            <th>起讫时间</th>
            <th>主修专业/技能</th>
            <th>学历及是否毕业/结业</th>
            <th>佐证人及电话</th>
        </tr>
        <tr>
            <td>××小学</td>
            <td>2004 年 9 月 至 2010 年 7 月</td>
            <td></td>
            <td>小学</td>
            <td>××× 12345678901</td>
        </tr>
        <tr>
            <td>××初中</td>
            <td>2010 年 9 月 至 2013 年 7 月</td>
            <td></td>
            <td>初中</td>
            <td>××× 12345678901</td>
        </tr>
        <tr>
            <td>××高中</td>
            <td>2013 年 9 月 至 2016 年 7 月</td>
            <td></td>
            <td>高中</td>
            <td>××× 12345678901</td>
        </tr>
        <tr>
            <td>××大学</td>
            <td>2016 年 9 月 至今</td>
            <td>软件技术</td>
            <td>本科</td>
            <td>××× 12345678901</td>
        </tr>
    </table>
</div>
```

【代码说明】

<table class="table"></table>是一个表格元素。table 是一个复合元素，里面一般包含 tr(行)、th(标题单元格)、td(普通单元格)等元素。table 的基本格式如下。

```
<table>
    <tr>
        <td>
            第 1 行 第 1 列
        </td>
        <td>
            第 1 行 第 2 列
        </td>
    </tr>
    <tr>
        <td>
            第 2 行 第 1 列
        </td>
        <td>
            第 2 行 第 2 列
        </td>
    </tr>
</table>
```

网页中，为当前表格设置了 class="table"，这个 table 类将在下一步进行设计。

3. 添加网页样式

将如下 CSS 代码添加到网页头的<style></style>元素中。

```
.table {
    border: 1px solid #000;
    border-collapse: collapse;
    width: 100 %;
    margin: 10px;
}
.table td {
    border: 1px solid #000;
    border-collapse: collapse;
    padding: 10px;
    font-size: 1.2em;
}
.table th {
    border: 1px solid #000;
    border-collapse: collapse;
    font-weight: bold;
    text-align: center;
    padding: 10px;
}
.bg-info
```

```
{
    background-color: #eee;
    color: #000;
}
.container>.title
{
    font-size: 1.6em;
    font-weight: bold;
    text-align: left;
    padding: 10px 0px;
}
```

【代码说明】

.table td 是后代选择器，含义是 td 元素必须出现在 class＝".table"元素中（只要是后代元素，不一定是子元素）。td 元素是 table 元素的第 2 层子元素（第 1 层是 tr），如果用子元素选择器，应该写为.table＞tr＞td 的格式，这样不是非常方便，所以采用后代选择器的方式，.table th 也同理。

border：1px solid ＃000；表示边框为 1 像素、实线、黑色。这个 CSS 属性在上述 3 个CSS 选择器中都有定义，所以表格以及单元格都会有边框。为了避免边框重复造成"粗边框"，设置了 border-collapse：collapse；属性，表示边框进行合并，这样就有了"细边框"的效果。

4. 效果图

教育经历模块效果图如图 2-21 所示。

教育经历				
学校及培训机构	起讫时间	主修专业/技能	学历及是否毕业/结业	佐证人及电话
××小学	2004年9月 至 2010年7月		小学	××× 12345678901
××初中	2010年9月 至 2013年7月		初中	××× 12345678901
××高中	2013年9月 至 2016年7月		高中	××× 12345678901
××大学	2016年9月 至今	软件技术	本科	××× 12345678901

图 2-21　教育经历模块

2.6　任务4　个人专长模块

2.6.1　个人专长模块的制作

1. 准备网页素材

在本模块中，需要选择至少 8 张合适的照片添加到网页中。尽量选

个人专长模块
布局及样式

择横向的照片，这样在浏览器中浏览会比较合适。为了方便排版，要将照片的尺寸统一设置为长度 180px、宽度 180px。

2. 添加网页内容

将如下 HTML 代码添加到＜div id＝"info3"＞＜/div＞元素内部。

```
<div id="info3" class="container bg-default">
    <div class="title">个人专长</div>
    <div class="thumbnail-primary">
        <img src="img/skill01.png"/>
        <p>网页设计</p>
    </div>
    <div class="thumbnail-primary">
        <img src="img/skill02.png"/>
        <p>ASP.NET</p>
    </div>
    <div class="thumbnail-primary">
        <img src="img/skill03.png"/>
        <p>Java</p>
    </div>
    <div class="thumbnail-primary">
        <img src="img/skill04.png"/>
        <p>Linux</p>
    </div>
    <div class="thumbnail-primary">
        <img src="img/skill05.png"/>
        <p>数据库</p>
    </div>
    <div class="thumbnail-primary">
        <img src="img/skill06.png"/>
        <p>平面设计</p>
    </div>
    <div class="thumbnail-primary">
        <img src="img/skill107.png"/>
        <p>安卓开发</p>
    </div>
    <div class="thumbnail-primary">
        <img src="img/skill08.png"/>
        <p>IOS 开发</p>
    </div>
</div>
```

【代码说明】

＜div class＝"thumbnail-primary"＞＜/div＞是一个照片的容器，里面有一个 img

元素（显示照片）及一个 p 元素（显示照片标题）。

thumbnail-primary 是一个 CSS 自定义类，具体定义的代码在下一步进行设计。

3. 添加网页样式

将如下 CSS 代码添加到网页头的＜style＞＜/style＞元素中。

```
.bg-default {
    background-color:#fff;
    color:#000;
}
.thumbnail-primary {
    width: 200px;
    margin: 10px;
    float: left;
    border: 1px solid#639;
}
.thumbnail-primary>img {
    width: 180px;
    height: 120px;
    border: 4px solid#fff;
    display: block;
    margin: 6px 6px 6px 6px;
}
.thumbnail-primary>p {
    text-align: center;
    font-size: 1em;
    line-height: 3em;
    background-color: #639;
    color: #fff;
    margin: 0px;
}
```

【代码说明】

thumbnail-primary 是一个自定义类，定义了照片容器的尺寸（width）、外边距（margin）、边框（border）、浮动（float）。

.thumbnail-primary＞img 使用子元素选择器的方式定义了照片容器中 img 元素（照片）的样式。类似地，.thumbnail-primary＞p 使用子元素选择器的方式定义了照片容器中 p 元素（标题）的样式。值得注意的是，p 元素的样式中设置了 line-height（行高）为3em，但 font-size（字体大小）为 1em，这时，元素中的文字会自动在行中垂直居中。

4. 效果图

个人专长模块效果图如图 2-22 所示。

图 2-22　个人专长模块

2.6.2　关联知识：CSS 定位机制

在 2.2.5 小节中，我们学习了盒子模型，盒子模型告诉我们所有的 HTML 元素都是一个盒子，网页是由许多个盒子组成的，但是这些盒子在网页里如何排列，就是定位机制解决的问题了。

CSS 定位机制包括 3 个方面的内容：普通流（默认方式）、CSS 浮动和层定位。

CSS 定位机制概述

1. 普通流（文档流）

对于一个 HTML 网页，body 元素下的任意元素，根据其在 HTML 文档中的先后顺序，组成了一个从上到下、从左到右的顺序关系，这便是文档流。在 CSS 的定位机制中，文档流是浏览器的默认显示规则。

文档流中的元素通常被分成三类，块级元素、内联（行内）元素和行内块级元素。

普通流（文档流）

（1）块级元素（block）：①独占一行，默认宽度延伸至父级框的 100%；②高度、宽高及外边距和内边距都可设置；③常用的块级元素有 div、h1～h6、p、ul、ol、li、table 等。

（2）内联（行内）元素（inline）：①和其他元素在同一行上，不独占一行；②宽度就是它的文字或图片的宽度，不可以设置宽高；③常用的内联元素有 a、span 等。

CSS 浮动

（3）行内块级元素（inline-block）：①同时具备 inlink 元素和 block

定位（层定位）

元素的特点；②不独占一行；③高度、宽高及外边距和内边距都可设置；④常用的行内块级元素有 img。

以上 3 种类型是可以通过 display 属性相互转换的：

```
display:block;                //设置为块级元素
display:inline;               //设置为行内元素
display:inline-block;         //设置为行内块级元素
display:none;                 //元素不显示
```

2. CSS 浮动

我们在"个人专长"模块中，为解决 div 独占一行的问题，在 .thumbnail-primary 中设置了 float：left；也是左浮动。这里是采用了活动定位的方式，对于浮动首先要了解以下几点。

（1）元素浮动是什么意思？浮动的框（或者说盒子）可以向左或向右移动，直到它的外边缘碰到包含框或另一个浮动框的边框为止。

（2）浮动框不在普通流中。

（3）浮动的方式用 float 设置，常用的取值有 3 个：left 元素左浮动；right 元素右浮动；none 元素不浮动，这是默认的情况。

请看下面几个例子，当把框 1 向右浮动时，它脱离文档流并且向右移动，直到它的右边缘碰到包含框的右边缘，如图 2-23 所示。

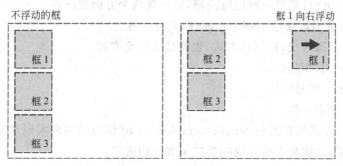

图 2-23　框 1 向右浮动的效果

再看图 2-24，当框 1 向左浮动时，它脱离文档流并且向左移动，直到它的左边缘碰到包含框的左边缘。因为它不再处于文档流中，所以它不占据空间，实际上覆盖住了框 2，使框 2 从视图中消失。

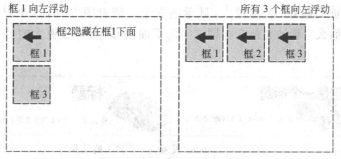

图 2-24　框 1 向左浮动的效果

如果把所有 3 个框都向左移动,那么框 1 向左浮动直到碰到包含框,另外 2 个框向左浮动直到碰到前一个浮动框。

如图 2-25 所示,如果包含框太窄,无法容纳水平排列的 3 个浮动元素,那么其他浮动块向下移动,直到有足够的空间。如果浮动元素的高度不同,那么当它们向下移动时可能被其他浮动元素"卡住"。

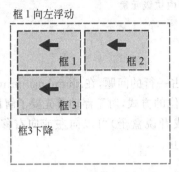
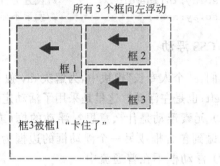

图 2-25   框 3 浮动块被"卡住了"

3. 层定位

层定位也叫定位,是另一种定位机制,它包含两个方面的内容。

(1) 定位方式通过使用 position 属性,共有 4 种。

① Static:静态定位,是默认方式,也就是文档流方式。

② Relative:相对定位。

③ Absolute:绝对定位。

④ Fixed:固定定位。

后三种定位方式需要通过 top、bottom、left、right 结合使用来实现对元素的位置或者说偏移量的规定,这就是下面要说的第二个方面的内容。

(2) 位置设置。top、bottom、left、right 这 4 个参数是表示元素从对象包含块的顶部、底部、左边和右边的相对位置(距离、偏移量),它们的值可以有 3 种表示方法:自动、长度值或百分比。

还有一个值叫作 z-index,它可以用于设置元素的堆叠顺序。网页元素是可以堆叠的,叠放在上面的元素如果不透明,会掩盖住放在下面的元素。z-index 的取值默认为 0,可以设置正或负的整数,数值越大,显示越靠上。请看图 2-26,这个鼠标的图片如果 z-index 为 -1,那么它会被叠放在标题文字的下面;如果为 1 或更大的值,就会放到标题文字上面了。

图 2-26   z-index 设置为 -1 和 1 的效果

另外，要特别注意 z-index 对于静态定位的元素是无效的。

2.7　任务5　工作经历模块

本模块也是表格结构，其代码与"教育经历"模块基本一样，请读者自己完成，这里只展示一下效果图，如图 2-27 所示。

工作经历

就职企业	起讫时间	职位	薪酬	离职原因	佐证人及电话
××有限公司	2014年7月 至 2016年8月	网站编辑（实习）	3000	暑期实习	×××12345678901
××有限公司	2014年7月 至 2016年8月	网站编辑（实习）	3000	暑期实习	×××12345678901
××有限公司	2014年7月 至 2016年8月	网站编辑（实习）	3000	暑期实习	×××12345678901

图 2-27　工作经历模块

2.8　任务6　作品图集模块

1. 准备网页素材

在本模块中，需要选择至少 8 张合适的作品截图添加到网页中。尽量选择横向的照片，这样在浏览器中浏览会比较合适。为了方便排版，要将照片的尺寸统一设置为长度 180px、宽度 120px。

2. 添加网页内容

将如下 HTML 代码添加到＜div id＝"info5"＞＜/div＞元素内部。

```
<div id="info5" class="container bg-default">
    <h2>
        作品图集
    </h2>
    <div class="thumbnail-default">
        <img src="img/work01.jpg"/>
        <p>
            个人作品 01
        </p>
    </div>
    <div class="thumbnail-default">
        <img src="img/work02.jpg"/>
        <p>
            个人作品 02
```

```
        </p>
    </div>
    <div class="thumbnail-default ">
        <img src="img/work03.jpg"/>
        <p>
            个人作品 03
        </p>
    </div>
    <div class="thumbnail-default ">
        <img src="img/work04.jpg"/>
        <p>
            个人作品 04
        </p>
    </div>
    <div class="thumbnail-default ">
        <img src="img/work05.jpg"/>
        <p>
            个人作品 05
        </p>
    </div>
    <div class="thumbnail-default ">
        <img src="img/work06.jpg"/>
        <p>
            个人作品 06
        </p>
    </div>
    <div class="thumbnail-default ">
        <img src="img/work07.jpg"/>
        <p>
            个人作品 07
        </p>
    </div>
    <div class="thumbnail-default ">
        <img src="img/work08.jpg"/>
        <p>
            个人作品 08
        </p>
    </div>
</div>
```

【代码说明】

＜div class＝"thumbnail-default"＞＜/div＞是一个照片的容器，里面有一个 img 元素（显示照片）及一个 p 元素（显示照片标题）。

thumbnail-default 是一个 CSS 自定义类，具体定义的代码在下一步进行设计。

3. 添加网页样式

将如下 CSS 代码添加到网页头的＜style＞＜/style＞元素中。

```
.thumbnail -default{
    width: 200px;
    margin: 10px;
    float: left;
    border: 1px solid#ccc
}
.thumbnail -default>img {
    width: 180px;
    height: 120px;
    border: 4px solid#fff;
    display: block;
    margin: 6px 6px 6px 6px
}
.thumbnail -default>p {
    text-align: center;
    font-size: 1em;
    line-height: 3em;
    background-color: #ccc;
    color: #000;
    margin: 0px
}
```

【代码说明】

thumbnail-default 与上一个任务中的 thumbnail-primary 功能类似,由于这两个模块的区域是在一起的,为了有所区别,设计了另一种颜色系列来显示。

4. 效果图

作品图集模块效果图如图 2-28 所示。

图 2-28　作品图集模块

2.9　任务7　与我联系模块

2.9.1　关联知识：列表元素及样式

在网页中，列表元素有着非常多的应用场景，如导航通常是用无序列表实现的，而排行榜则可以用有序列表实现。

列表元素及样式

1. HTML 列表元素

HTML 支持无序、有序和定义列表。

（1）无序列表。无序列表是一个项目的列表，此列项目使用粗体圆点（典型的小黑圆圈）进行标记。无序列表使用 ＜ul＞，每个列表项始于 ＜li＞ 标签。

例如：

```
<ul>
    <li>列表项 1</li>
    <li>列表项 2</li>
    <li>列表项 3</li>
</ul>
```

以上代码实现的效果如图 2-29 所示。

（2）有序列表。有序列表也是一列项目，列表项目使用数字进行标记。有序列表始于 ＜ol＞ 标签，每个列表项始于 ＜li＞ 标签。

例如：

```
<ol>
    <li>列表项 1</li>
    <li>列表项 2</li>
    <li>列表项 3</li>
</ol>
```

以上代码实现的效果如图 2-30 所示。

- 列表项1
- 列表项2
- 列表项3

图 2-29　代码实现效果（无序列表）

1. 列表项1
2. 列表项2
3. 列表项3

图 2-30　代码实现效果（有序列表）

（3）HTML 自定义列表。自定义列表不仅仅是一列项目，而是项目及其注释的组合。自定义列表以 ＜dl＞ 标签开始，每个自定义列表项以 ＜dt＞ 开始，每个自定义列表项的定义以 ＜dd＞ 开始。

例如：

```
<dl>
```

```
<dt>咖啡</dt>
<dd>＊一种黑色热饮</dd>
<dt>牛奶</dt>
<dd>＊一种白色热饮</dd>
</dl>
```

以上代码实现的效果如图 2-31 所示。

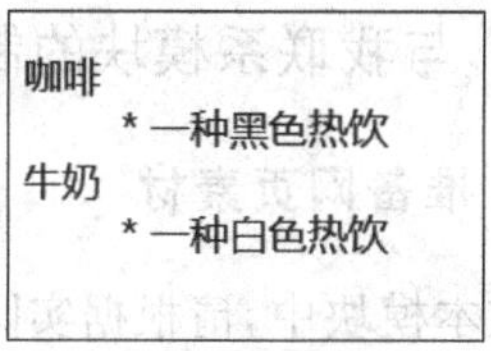

咖啡
　＊一种黑色热饮
牛奶
　＊一种白色热饮

图 2-31　代码实现效果（HTML自定义列表）

2. CSS 列表属性

CSS 列表属性可以用于放置、改变列表上的标志，或者将图像作为列表项的标志。与此相关的属性主要有如下三个。

（1）list-style-type。

list-style-type 属性的值如表 2-14 所示。

表 2-14　list-style-type 属性的值

值	描　　述	值	描　　述
none	无标记	square	标记是实心方块
disc	默认，标记是实心圆	decimal	标记是数字
circle	标记是空心圆		

list-style-type 属性的常用取值有表 2-14 中的几个，disc 是默认值，标记是一个实心圆。需要注意的是，none 不是默认值，却是一个常用值，因为在常见应用场景中，无论是图标的列表还是导航，一般都不希望前面留有小圆点，需要用其值把前面默认的小圆点去掉。

（2）list-style-image 属性是用 url 定位一个小图片作为列表项标记。

（3）list-style-position。该属性有两个常用取值 outside 和 inside，其中 outside 是默认值，如表 2-15 所示。

表 2-15　list-style-position 属性的值

值	描　　述
inside	列表项目标记放置在文本以内，且环绕文本根据标记对齐
outside	默认值，保持标记位于文本的左侧，列表项目标记放置在文本以外，且环绕文本不根据标记对齐

（4）list-style 属性是一个简写属性，可以在一个声明中设置所有的列表属性。

```
ul {
list-style:square inside url('i/arrow.gif');
}
```

以上代码是在一个 list-style 属性中同时定义了 list-style-type、list-style-position 和 list-style-image 属性，需要注意的是，其三个属性需要按上面列举的顺序设置。

2.9.2　与我联系模块的制作

1. 准备网页素材

在本模块中，请根据实际情况准备如表 2-16 所示的联系信息。

与我联系模块的制作

表 2-16　与我联系模块信息

联系信息	图　片	格　式	尺　寸
姓名	icon01.png	透明 PNG 图片	32px×32px
手机	icon02.png	透明 PNG 图片	32px×32px
QQ 号	icon03.png	透明 PNG 图片	32px×32px
E-mail	icon04.png	透明 PNG 图片	32px×32px
联系地址	icon05.png	透明 PNG 图片	32px×32px

2. 添加网页内容

将以下 HTML 代码添加到＜div id＝"info6"＞＜/div＞元素内部。

```
<div id="info6" class="container bg-primary">
    <h2>与我联系</h2>
    <ul>
        <li class="icon icon-icon01">姓名</li>
        <li class="icon icon-icon02">12345678901</li>
        <li class="icon icon-icon03">1234567890</li>
        <li class="icon icon-icon04">1234567890@qq.com</li>
        <li class="icon icon-icon05">×××大学</li>
    </ul>
</div>
```

【代码说明】

＜li class＝"icon icon-icon01"＞＜/li＞是一个联系方式的容器，里面的内容为具体文字。该元素通过 icon 这个 CSS 类控制了元素的样式，通过 icon-icon01 设置了元素的背景图片（icon01.png）。这两个 CSS 类具体定义的代码在下一步进行设计。

3. 添加网页样式

将以下 CSS 代码添加到网页头的＜style＞＜/style＞元素中。

```
.icon {
    width: 160px;
    height: 32px;
    line-height: 32px;
    margin: 10px 10px 10px 0px;
    display: inline-block;
    padding: 5px 5px 5px 42px;
    background: no-repeat 5px 5px;
```

```
}
.icon: hover {
    background-color: #969;
}
.icon-icon01 {
    background-image: url(img/icon01.png);
}
.icon-icon02 {
    background-image: url(img/icon02.png);
}
.icon-icon03 {
    background-image: url(img/icon03.png);
}
.icon-icon04 {
    background-image: url(img/icon04.png);
}
.icon-icon05 {
    background-image: url(img/icon05.png);
}
```

【代码说明】

icon 是一个自定义类，定义了照片容器的尺寸（width 和 height）、内外边距（padding 和 margin）、行高（line-height）、显示（display）、背景（background）。

icon-icon01 至 icon-icon05 使用 background -image 属性设置了背景图片。

这两类样式必须联合使用（层叠）：icon 中设置了背景图片的重复方式（background-repeat）为不重复（no-repeat），并且设置背景图片的位置偏移量（background-position）为 5px 5px（向右偏移 5px，向下偏移 5px），这样与 icon 的内边距相呼应。需要注意的是，icon 的左内边距设置为 42px，因为背景图片（icon01.png）的尺寸是 32px×32px，为了不让文字显示在背景图片上方（防止遮盖背景图片），所以需要将左内边距留出足够的空间，具体布局的尺寸数据计算如图 2-32 所示。

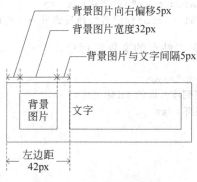

图 2-32　布局尺寸计算

4. 效果图

与我联系模块效果图如图 2-33 所示。

图 2-33　与我联系模块

2.10　任务 8　导航模块

超链接元素及样式

2.10.1　关联知识：超链接元素及样式

　　HTML 中链接（或者说超链接）可以是一个字、一个词、一句话，也可以是一幅图像，可以单击这些内容跳转到新文档或者当前文档中的某个部位，把鼠标指针移动到网页中的某个链接上时，箭头会变为小手的形状。

1. 基本语法

```
<a href='URL'>文字或图片</a>
```

2. 超链接分类

（1）外部链接：链接到其他站点。

```
<a href="http://www.baidu.com/">跳转到百度<a>
<a href="http://www.baidu.com#标记名">跳转到另一个页面的标记处</a>
```

（2）内部链接：链接指向本站点的文件或标记。

```
<a href="html/index.php"><a>
<a href="#标记名">跳转到本页面的 id 标记处</a>
<a href="#">返回本页顶部</a>
```

3. ＜a＞标签的属性

（1）href：链接地址。
（2）target：指定链接的目标窗口。

```
<a href="文件名"  target="属性值">链接文字</a>
```

（3）title：链接提示文字。

4. target 属性的值及含义

（1）_self：在同一窗口中打开（默认）。

（2）_blank：在新窗口中打开。

（3）_parent：在上一级窗口中打开。

（4）_top：在浏览器的整个窗口中打开，忽略任何框架。

5. ＜a＞标签的伪类

（1）:link：超链接未被访问时的状态。

（2）:visited：超链接已被访问的状态。

（3）:hover：光标悬停在标签上的状态（该伪类不局限于 a 标签使用）。

（4）:active：光标在标签上被按下时（单击按下还没有释放时）的状态（该伪类不局限于 a 标签使用）。

（5）＜a＞标签的伪类默认样式如下。

① :link：蓝色，有下画线。

② :visited：紫色，有下画线。

③ :hover：样式没有变化。

④ :active：红色，有下画线。

2.10.2 导航模块的制作

1. 制作导航超链接

在＜div id＝"nav"＞＜/div＞中的 h1 元素后，添加如下超链接代码。

导航模块的制作

```
<a href="#info6">与我联系</a>
<a href="#info5">作品</a>
<a href="#info4">工作经历</a>
<a href="#info3">专长</a>
<a href="#info2">教育经历</a>
<a href="#info1">简介</a>
```

【代码说明】

＜a＞标签是指超链接，单击超链接可以从一张页面跳转到另一张页面。超链接可以是一个字、一个词或者一个组词，也可以是一幅图像，单击这些内容可跳转到新的文档或者当前文档中的某个部分。在默认情况下，当把鼠标指针移动到网页中的某个链接上时，箭头会变为一只小手。

href 是 a 元素最重要的一个属性，用于表示连接的目标地址。href 的属性值可以是一个网址，如 href＝"http://www.qq.com"；也可以是一个站内地址，如 href＝"index.html"；也可以是指向文档内某个元素的"锚"，如 href＝"#info6"。很显然，在当前情况下，超链接就是指向 id＝info6 的这个元素（注意 href 的属性值中，#表示 id）。

2. 设置网页元素样式

```
#nav {
    height:60px;
    background-color:#fff;
    border-bottom:1px solid #ccc;
}
#nav>h1 {
    font-size:2em;
    font-weight:bold;
    padding:0px 10px;
    margin:0px;
    float:left;
    line-height:60px;
}
#nav>a {
    font-size:1.2em;
    float:right;
    display:block;
    text-decoration:none;
    color:#666;
    padding:0px 20px;
    margin:10px;
    border-top:4px solid transparent;
    line-height:40px;
}
#nav>a:hover {
    border-top:4px #639 solid;
}
.container {
    padding:20px;
    float:none;
    clear:both;
}
.container>h2 {
    font-size:1.6em;
    font-weight:bold;
    text-align:left;
    padding:10px 0px;
}
```

【代码说明】

#nav｛...｝表示设置 id 值为 nav 的元素样式。CSS 中，以元素 id 命名的样式称为 ID 选择器，该样式将被应用到某一个具体的元素上。

#nav＞h1｛｝表示设置 id 值为 nav 的元素的 h1 子元素的样式。CSS 中，使用"＞"来表示元素的父子关系，是子元素选择器。

#nav＞a:hover｛｝表示鼠标移入链接时显示的效果，:hover 是一种伪类选择器。

3. 效果图

导航模块效果图如图 2-34 所示。

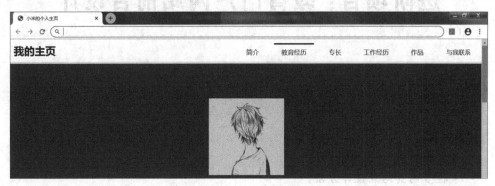

图 2-34　导航模块

2.11　项 目 进 阶

在本项目中，照片集、作品集的图片及文字并没有设置超链接，请根据自己的实际情况，将这些二级页面制作出来，并在 index.html 的相应元素上创建超链接。

2.12　课 外 实 践

请以宣传某个公益事业为目的，主题自拟，设计一个单页网站，可参考以下网站。

（1）腾讯公益　http://gongyi.qq.com/。

（2）新浪公益　http://gongyi.sina.com.cn/。

（3）网易公益　http://gongyi.163.com/。

（4）凤凰公益　http://gongyi.ifeng.com/。

项目 3

进阶项目：教育门户网站前台设计

知识目标：

- 掌握响应式网页设计方法。
- 掌握多网页站点设计方法。

能力目标：

- 能使用 Bootstrap 进行响应式网页设计。
- 能设计多网页站点。

3.1 项目介绍

本项目将设计一个教育机构的门户网站，以多页面的形式展示该教育机构的各项信息。本项目分 6 个工作任务来实现：任务 1 是对网站进行规划与设计；任务 2 是设计学院首页；任务 3 是设计专业介绍页；任务 4 是设计关于我们页；任务 5 是设计最新资讯页；任务 6 是设计联系我们页。

3.2 知识准备

Bootstrap 基础(1)

3.2.1 Bootstrap 基础

1. Bootstrap 目录结构及模板

Bootstrap 是 Twitter 推出的一个开源的用于前端开发的工具包。

它是一个 CSS 和 HTML 的集合，它使用了最新的浏览器技术，给你的 Web 开发提供了时尚的版式、表单、buttons、表格、网格系统等。目前最新的版本为 V3.3.4。

Bootstrap 下载后是一个 zip 压缩包，解压后可以看到其包含了一系列的 css 文件和 js 文件，以 V3.3.4 为例，其目录结构如下。

```
bootstrap-3.3.4/
├──css/
│ ├──bootstrap.css
│ ├──bootstrap.css.map
│ ├──bootstrap.min.css
```

```
|  ├──── bootstrap-theme.css
|  ├──── bootstrap-theme.css.map
|  └──── bootstrap-theme.min.css
├──── js/
|  ├──── bootstrap.js
|  └──── bootstrap.min.js
└──── fonts/
├──── glyphicons-halflings-regular.eot
├──── glyphicons-halflings-regular.svg
├──── glyphicons-halflings-regular.ttf
├──── glyphicons-halflings-regular.woff
└──── glyphicons-halflings-regular.woff2
```

css、js、fonts 这 3 个目录可以直接使用到任何 Web 项目中。Bootstrap 提供了编译好的 CSS 和 JS(bootstrap. *)文件，还有经过压缩的 CSS 和 JS(bootstrap.min. *)文件。同时还提供了 CSS 源码映射表(bootstrap. * .map)，可以在某些浏览器(如 Chrome)的开发工具中使用。同时还包含了来自 Glyphicons 的图标字体，在附带的 Bootstrap 主题中使用到了这些图标。

下面就是一个使用 Bootstrap 的网页模板。

```html
<!DOCTYPE html>
<html lang="zh-CN">
<head>
<meta charset="utf-8">
<meta http-equiv="X-UA-Compatible" content="IE=edge">
<meta name="viewport"content=" width=device-width,initial-scale=1">
<!--上述 3 个 meta 标签必须放在最前面,任何其他内容都必须跟随其后! -->

<title>Bootstrap 模板</title>

<link href="css/bootstrap.min.css" rel="stylesheet">
</head>
<body>
<h1>Bootstrap 模板</h1>

<script src="js/bootstrap.min.js"></script>
</body>
</html>
```

2. Bootstrap 栅格系统

(1) 布局容器。Bootstrap 提供一个.container 容器，该容器有两种类型：一种是.container 类，用于固定宽度并支持响应式布局的容器。

Bootstrap 基础(2)

```html
<div class="container">
...
</div>
```

另一种是.container-fluid 类，用于 100％宽度，占据整个窗口的容器。

```
<div class="container-fluid">
...
</div>
```

（2）栅格系统。Bootstrap提供了一套响应式、移动设备优先的流式栅格系统，随着屏幕（viewport）尺寸的增加，系统会自动分为最多12列。

栅格系统用于通过一系列的行（row）与列（column）的组合来创建页面布局，开发者只需要把相应的内容放入这些创建好的布局中，就可以实现响应式网页布局。下面介绍一下Bootstrap栅格系统的工作原理。

"行（row）"必须包含在.container（固定宽度）或.container-fluid（100%宽度）中。

通过"行（row）"在水平方向创建一组"列（column）"。

具体网页内容应当放置于"列（column）"内，并且，只有"列（column）"可以作为"行（row）"的直接子元素。

类似.row和.col-xs-4这种预定义的类，可以用于快速创建栅格布局。

栅格系统中的列通过指定1~12的值表示其跨越的范围。例如，三个等宽的列可以使用三个.col-xs-4来创建。

如果一"行（row）"中包含的"列（column）"大于12，多余的"列（column）"所在的元素将被作为一个整体另起一行排列。

布局示例如下。

```
<div class="row">
<div class="col-xs-12 col-sm-6
col-md-8">.col-xs-12.col-sm-6.col-md-8</div>
<div class="col-xs-6 col-md-4">.col-xs-6.col-md-4</div>
</div>
<div class="row">
<div class="col-xs-6 col-sm-4">.col-xs-6.col-sm-4</div>
<div class="col-xs-6 col-sm-4">.col-xs-6.col-sm-4</div>
<div class="clearfix visible-xs-block"></div>
<div class="col-xs-6 col-sm-4">.col-xs-6.col-sm-4</div>
</div>
```

普通PC浏览器（col-md-*）下的样式如图3-1所示。

.col-xs-12 .col-sm-6 .col-md-8		.col-xs-6 .col-md-4
.col-xs-6 .col-sm-4	.col-xs-6 .col-sm-4	.col-xs-6 .col-sm-4

图3-1　普通PC浏览器（col-md-*）下的样式

平板或手机浏览器（col-sm-*或col-xs-*）下的样式如图3-2所示。

.col-xs-12 .col-sm-6 .col-md-8	
.col-xs-6 .col-md-4	
.col-xs-6 .col-sm-4	.col-xs-6 .col-sm-4
.col-xs-6 .col-sm-4	

图3-2　平板或手机浏览器（col-sm-*或col-xs-*）下的样式

3. Bootstrap 样式应用

（1）表格。Bootstrap 提供 .table 类，可以为任意＜table＞标签添加该类型，如图 3-3 所示。

Bootstrap 基础（3）

```
<table class="table">
...
</table>
```

同时，还提供几个特殊类型用于层叠。

.table-striped 类实现表格的斑马条纹样式，如图 3-4 所示。

```
<table class="table table-striped">
...
</table>
```

1行1列	1行2列	1行3列
2行1列	2行2列	2行3列
3行1列	3行2列	3行3列

1行1列	1行2列	1行3列
2行1列	2行2列	2行3列
3行1列	3行2列	3行3列

图 3-3　Bootstrap 提供 .table 类　　　　图 3-4　.table-striped 类实现表格的
　　　　　显示的表格　　　　　　　　　　　　　　斑马条纹样式

.table-bordered 类为表格和其中的每个单元格增加边框，如图 3-5 所示。

```
<table class="table table-bordered">
...
</table>
```

.table-hover 类让每一行对鼠标悬停状态作出响应，如图 3-6 所示。

```
<table class="table table-hover">
...
</table>
```

1行1列	1行2列	1行3列
2行1列	2行2列	2行3列
3行1列	3行2列	3行3列

1行1列	1行2列	1行3列
2行1列	2行2列	2行3列
3行1列	3行2列	3行3列

图 3-5　.table-bordered 类为表格和其中　　图 3-6　.table-hover 类让每一行对鼠标
　　　　　的每个单元格增加边框　　　　　　　　　悬停状态作出响应

.table-condensed 类让表格更加紧凑，如图 3-7 所示。

```
<table class="table table-condensed">
...
</table>
```

1行1列	1行2列	1行3列
2行1列	2行2列	2行3列
3行1列	3行2列	3行3列

图 3-7 .table-condensed 类让表格更加紧凑

将任何.table 元素包裹在.table-responsive 元素内,即可创建响应式表格,当屏幕大于 768px 宽度时,没有水平滚动条。

```
<div class="table-responsive">
<table class="table">
...
</table>
</div>
```

但在小屏幕设备上(小于 768px)则会出现水平滚动条,如图 3-8 所示。

#	Table heading	Table heading	Table heading	Table heading	Tab
1	Table cell	Table cell	Table cell	Table cell	Tab
2	Table cell	Table cell	Table cell	Table cell	Tab
3	Table cell	Table cell	Table cell	Table cell	Tab

图 3-8 出现滚动条的响应式表格

(2) 表单。在 Bootstrap 中,对单独的表单控件提供了一个名为.form-control 的全局样式类,<input>、<textarea>和<select>元素都可以使用该样式。使用后,这些控件都将被默认设置宽度属性为 width:100%;。一般情况下,在控件的前面可以放置一个 label 元素,同时将 label 元素与控件元素放在一个包含.form-group 样式的容器中。

```
<form>
<div class="form-group">
<label for="username">
Username: *
</label>
<input type="text" class="form-control" id="username"/>
</div>
<div class="form-group">
<label for="email">
Email: *
</label>
<input type="text" class="form-control" id="email"/>
</div>
</form>
```

以上代码运行的效果如图 3-9 所示。

Username:*

Email:*

图 3-9 表单效果

（3）按钮。在 Bootstrap 中，允许为＜a＞、＜button＞或＜input＞元素添加按钮类样式（见图 3-10）。

```
<a class="btn btn-default" href="#" role="button">超链接按钮</a>
<button class="btn btn-default" type="submit">Button 元素按钮</button>
<input class="btn btn-default" type="button" value="Input 元素按钮">
```

超链接按钮　Button元素按钮　Input元素按钮

图 3-10 在 Bootstrap 中，允许为＜a＞、＜button＞或＜input＞元素添加按钮类样式

从兼容性角度考虑，在上述三种元素中，＜button＞是 Bootstrap 官方强烈建议尽可能使用的方式。

对于 btn 按钮样式，Bootstrap 预定义了几种颜色样式，如图 3-11 所示，用户可以根据实际情况，快速创建所需的按钮。

```
<button type="button" class="btn btn-default">(默认样式)Default</button>
<button type="button" class="btn btn-primary">(首选项)Primary</button>
<button type="button" class="btn btn-success">(成功)Success</button>
<button type="button" class="btn btn-info">(一般信息)Info</button>
<button type="button" class="btn btn-warning">(警告)Warning</button>
<button type="button" class="btn btn-danger">(危险)Danger</button>
<button type="button" class="btn btn-link">(链接)Link</button>
```

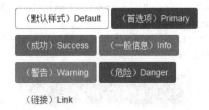

图 3-11 Bootstrap 预定义的几种按钮颜色样式

除了颜色以外，可以使用.btn-lg、.btn-sm 或.btn-xs 来定义不同尺寸的按钮，如图 3-12 所示。

```
<p>
<button type="button" class="btn btn-primary btn-lg">(大按钮)Large button
```

```
</button>
<button type="button" class="btn btn-default btn-lg">(大按钮)Large button
</button>
</p>
<p>
<button type="button" class="btn btn-primary">(默认尺寸)Default button</button>
<button type="button" class="btn btn-default">(默认尺寸)Default button</button>
</p>
<p>
<button type="button" class="btn btn-primary btn-sm">(小按钮)Small button
</button>
<button type="button" class="btn btn-default btn-sm">(小按钮)Small button
</button>
</p>
<p>
<button type="button" class="btn btn-primary btn-xs">(超小尺寸)Extra small
button</button>
<button type="button" class="btn btn-default btn-xs">(超小尺寸)Extra small
button</button>
</p>
```

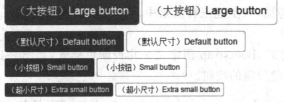

图 3-12 使用.btn-lg、.btn-sm 或.btn-xs 来定义不同尺寸的按钮

在移动设备上，很多按钮都是独占一行的，Bootstrap 为这种按钮定义了.btn-block 类。通过给按钮添加.btn-block 类可以将其拉伸至父元素 100% 的宽度，而且按钮也变为块级（block）元素，如图 3-13 所示。

```
<button type="button" class="btn btn-primary btn-lgbtn-block">(块级元素)
Blocklevelbutton</button>
<button type="button" class="btn btn-default btn-lgbtn-block">(块级元素)
Blocklevelbutton</button>
```

图 3-13 通过给按钮添加.btn-block 类将按钮拉伸至块级

（4）图片形状。通过为＜img＞元素添加以下相应的类，可以让图片呈现不同的形状（IE 8 不支持），如图 3-14 所示。

```
<img src="..." alt="..." class="img-rounded">
<img src="..." alt="..." class="img-circle">
<img src="..." alt="..." class="img-thumbnail">
```

图 3-14 通过为＜img＞元素添加相应的类让图片呈现不同的形状

4. Bootstrap 辅助类的文本

（1）文本类。Bootstrap 提供了一组文本工具类，主要有 text-muted、text-primary、text-success、text-info、text-warning、text-warning、text-danger 等，这些类通过不同的文本颜色表达一定的含义。如果将这些类应用于链接，则在鼠标经过时，链接文本的颜色会变暗。下列代码产生的文本效果如图 3-15 所示。

Bootstrap 基础（4）

```
<p class="text-muted">该段落使用了样式 "text-muted"。</p>
<p class="text-primary">该段落使用了样式 "text-primary"。</p>
<p class="text-success">该段落使用了样式 "text-success"。</p>
<p class="text-info">该段落使用了样式 "text-info"。</p>
<p class="text-warning">该段落使用了样式 "text-warning"。</p>
<p class="text-danger">该段落使用了样式 "text-danger"。</p>
```

该段落使用了样式 "text-muted"。

该段落使用了样式 "text-primary"。

该段落使用了样式 "text-success"。

该段落使用了样式 "text-info"。

该段落使用了样式 "text-warning"。

该段落使用了样式 "text-danger"。

图 3-15 文本类显示效果

（2）背景类。其实背景和文本颜色类一样，使用任意背景色类就可以设置元素的背景。链接组件在鼠标经过时颜色会加深，如表 3-1 所示。

表 3-1 Bootstrap 辅助类中的背景类

类	描　　述	类	描　　述
.bg-primary	表格单元格使用了 bg-primary 类	.bg-warning	表格单元格使用了 bg-warning 类
.bg-success	表格单元格使用了 bg-success 类	.bg-danger	表格单元格使用了 bg-danger 类
.bg-info	表格单元格使用了 bg-info 类		

5. Bootstrap 组件——导航栏

Bootstrap 提供了许多可复用的组件，包括字体图标、下拉菜单、导航、警告框、弹出框等，这些组件为前端开发带来极大的便利。

导航栏是一个很好的功能，是 Bootstrap 网站的一个突出特点，在应用或网站中作为导航页头的响应式基础组件。它们在移动设备上可以折叠（并且可开可关），且在视口（viewport）宽度增加时逐渐变为水平展开模式。

Bootstrap 基础(5)

（1）默认的导航栏的创建步骤如下。

① 向＜nav＞标签添加 class .navbar、.navbar-default。

② 向上面的元素添加 role＝"navigation"，有助于增加可访问性。

③ 向＜div＞元素添加一个标题 class .navbar-header，内部包含了带有 class .navbar-brand 的＜a＞元素，这会让文本看起来更大一号。

④ 为了向导航栏添加链接，只需要简单地添加带有 class .nav、.navbar-nav 的无序列表即可。

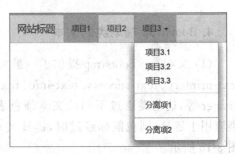

图 3-16　默认的导航栏示例

默认的导航栏示例如图 3-16 所示。

以上导航栏对应的代码如下。

```html
<!DOCTYPE html>
<html lang="en">
<head>
    <meta charset="UTF-8">
    <meta name="viewport" content="width=device-width, initial-scale=1.0">
    <meta http-equiv="X-UA-Compatible" content="ie=edge">
    <link href="css/bootstrap.min.css" rel="stylesheet"/>
    <script src="https://cdn.staticfile.org/jQuery/2.1.1/jQuery.min.js">
    </script>
     < script src =" https://cdn. staticfile. org/twitter - bootstrap/3. 3. 7/js/
    bootstrap.min.js"></script>
    <title></title>
</head>
<body>
    <nav class="navbar navbar-default" role="navigation">
        <div class="container-fluid">
        <div class="navbar-header">
            <a class="navbar-brand" href="#">网站标题</a>
        </div>
        <div>
            <ul class="nav navbar-nav">
                <li class="active"><a href="#">项目 1</a></li>
                <li><a href="#">项目 2</a></li>
```

```
<li class="dropdown">
    <a href="#" class="dropdown-toggle" data-toggle="dropdown">
    项目3
    <b class="caret"></b>
    </a>
    <ul class="dropdown-menu">
        <li><a href="#">项目3.1</a></li>
        <li><a href="#">项目3.2</a></li>
        <li><a href="#">项目3.3</a></li>
        <li class="divider"></li>
        <li><a href="#">分离项1</a></li>
        <li class="divider"></li>
        <li><a href="#">分离项2</a></li>
    </ul>
</li>
            </ul>
        </div>
        </div>
    </nav>
</body>
</html>
```

（2）响应式的导航栏。这种带有汉堡按钮的响应式导航栏在大屏幕设备上可以展示，如图3-17所示，在小屏幕或移动设备上则可以折叠，并且可通过汉堡按钮打开或关闭折叠。这一导航是在上述默认导航的基础上增加以下步骤。

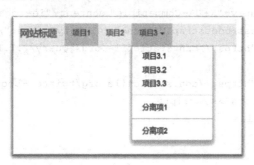

图3-17　响应式导航栏水平展开效果

① 为了给导航栏添加响应式特性，要折叠的内容必须包裹在带有class为.collapse及.navbar-collapse 的＜div＞中。

② 折叠起来的导航栏实际上是一个带有class .navbar-toggle及两个data- 元素的按钮：第一个是 data-toggle，用于告知 JavaScript 需要对按钮做什么；第二个是 data-target，指示要切换到哪一个元素。

③ 3个带有 class .icon-bar 的 ＜span＞ 创建汉堡按钮，这些会切换为 .nav-collapse ＜div＞中的元素。

响应式的导航栏示例如图3-17和图3-18所示。

图 3-18　响应式导航栏折叠显示效果

以上示例对应的代码如下。

```
<!DOCTYPE html>
<html lang="en">

<head>
    <meta charset="UTF-8">
    <meta name="viewport" content="width=device-width, initial-scale=1.0">
    <meta http-equiv="X-UA-Compatible" content="ie=edge">
    <link href="css/bootstrap.min.css" rel="stylesheet"/>
    <script src="https://cdn.staticfile.org/jQuery/2.1.1/jQuery.min.js">
    </script>
    <script src="https://cdn.staticfile.org/twitter-bootstrap/3.3.7/js/
    bootstrap.min.js"></script>
    <title></title>
</head>
<body>
    <nav class="navbar navbar-default" role="navigation">
        <div class="container-fluid">
            <div class="navbar-header">
                <button type="button" class="navbar-toggle" data-toggle="collapse"
                    data-target="#example">
                    <span class="icon-bar"></span>
                    <span class="icon-bar"></span>
                    <span class="icon-bar"></span>
                </button>
                <a class="navbar-brand" href="#">网站标题</a>
            </div>
            <div id="example" class="collapse navbar-collapse">
```

```
<ul class="nav navbar-nav">
    <li class="active"><a href="#">项目1</a></li>
    <li><a href="#">项目2</a></li>
    <li class="dropdown">
        <a href="#" class="dropdown-toggle" data-toggle="dropdown">
        项目3
            <b class="caret"></b>
        </a>
        <ul class="dropdown-menu">
            <li><a href="#">项目3.1</a></li>
            <li><a href="#">项目3.2</a></li>
            <li><a href="#">项目3.3</a></li>
            <li class="divider"></li>
            <li><a href="#">分离项1</a></li>
            <li class="divider"></li>
            <li><a href="#">分离项2</a></li>
        </ul>
    </li>
    </ul>
        </div>
        </div>
    </nav>
</body>
</html>
```

6. Bootstrap 布局组件——分页（pagination）

分页（pagination）是 Bootstrap 的另一种组件，它是通过一组无序列表实现的，显示效果如图 3-19 所示。

Bootstrap 基础（6）

图 3-19　分页组件

与分页组件相关的 class 主要有三组，如表 3-2 所示。

表 3-2　与分页组件相关的 class

class	描　述	示 例 代 码

.pagination	添加该 class 在页面上显示分页	`<ul class="pagination">`
		`<li><a href="#">&laquo;</a></li>`
		`<li><a href="#">1</a></li>`
		`...`
		`</ul>`

续表

class	描　　述	示 例 代 码

.disabled，.active	可以自定义链接，通过使用.disabled 定义不可单击的链接，通过使用.active 指示当前的页面	`<ul class="pagination">`
		`<li class="disabled"><a href="#">&laquo;</a></li>`
		`<li class="active"><a href="#">1<span class="sr-only">(current)</span></a></li>`
		`...`
		`</ul>`

.pagination-lg，.pagination-sm	使用这些 class 获取不同大小的项	`<ul class="pagination pagination-lg">...</ul>`
		`<ul class="pagination">...</ul>`
		`<ul class="pagination pagination-sm">...</ul>`

有关 Bootstrap 的更多使用方法，读者可以通过阅读其官方网站的文档和例子自行学习。

Bootstrap 官方网站　https://github.com/twbs/bootstrap/。

Bootstrap 中文网　http://www.bootcss.com/。

3.2.2　CSS3 多媒体查询

1. 什么是多媒体查询

在 CSS2 中，针对不同媒体类型可定制不同的样式规则，CSS3 的多媒体查询继承并发展了 CSS2 多媒体类型的思想，CSS3 根据设置自适应显示。媒体查询可用于检测很多事情，如 viewport（视窗）的宽度与高度，设备的宽度与高度，朝向（智能手机横屏、竖屏），分辨率。

目前，很多苹果手机、Android 手机、平板等设备都会使用多媒体查询。

2. CSS3 多媒体类型

CSS3 多媒体类型如表 3-3 所示。

表 3-3　CSS3 多媒体类型

值	描　　述
all	用于所有多媒体类型设备
print	用于打印机
screen	用于计算机屏幕、平板、智能手机等
speech	用于屏幕阅读器

3. 多媒体查询语法

多媒体查询由多种媒体组成，可以包含一个或多个表达式，表达式根据条件是否成立返回 true 或 false。

```
@media not|only mediatype and(expressions) { CSS 代码...; }
```

如果指定的多媒体类型匹配设备类型,则查询结果返回 true,文档会在匹配的设备上显示指定样式效果。除非使用了 not 或 only 操作符,否则所有的样式会适应在所有设备上显示效果。

(1) not 用于排除某些特定的设备,如@media not print(非打印设备)。

(2) only 用于指定某种特别的媒体类型。对于支持多媒体查询的移动设备来说,如果存在 only 关键字,移动设备的 Web 浏览器会忽略 only 关键字并直接根据后面的表达式应用样式文件。对于不支持多媒体查询的设备但能够读取 Media Type 类型的 Web 浏览器,遇到 only 关键字时会忽略这个样式文件。

(3) all 用于所有设备,这个应该经常看到。

也可以在不同的媒体上使用不同的样式文件,语法如下。

```
<link rel="stylesheet" media="mediatype and|not|only(expressions)" href=
"print.css">
```

举例子说明如下。

```
body {
    background-color: pink;
}
@media screen and(min-width: 480px) {
    body {
        background-color: lightgreen;
    }
}
```

以上代码可以实现的效果是,媒体类型屏幕的可视窗口宽度小于 480px 时背景颜色将为粉色,可视化窗口宽度大于 480px 时背景颜色为淡绿色。

3.3　任务 1　网站规划与设计

3.3.1　网站设计需求

网站规划与设计

客户需求是指学校创建门户网站的目的和对网站提出的特定要求。了解客户需求是建好学校门户网站的前提。工程网络学院对其拟建的门户网站提出的主要要求有以下几点。

(1) 宣传学校办学理念,展示办学设施、专业设置、教师队伍等,提高学校的社会知名度。

(2) 适时发布学校管理、教学、招生等相关信息,为求学者提供相关咨询服务。

(3) 获取社会各界对学校教育教学情况的评价和意见、建议。

(4) 建立与兄弟院校进行交流学习的平台。

(5) 向社会各界推荐毕业生,为毕业生提供就业信息。

3.3.2　网站风格定位

本网站是一个校园网站,是学校的网上形象,每一所学校都有自己的特色。对于本项目,可从以下 3 个方面学习该网站的风格定位。

(1)色彩。本项目中采用的色彩以白、黑、红为主基调,具有明亮、健康、辉煌、庄严的色感。

(2)排版。排版整体为上下分割型。把整个版面分为上下几个部分,在上半部分配置图片,下半部分则配置文案。配置图片的部分感性而有活力,而文案部分则理性而静止。上下部分配置的图片可以是一幅或多幅。

(3)特效。在本网站中所有的动画效果采用 JavaScript 脚本制作。

3.3.3　网站结构布局

一个教育机构门户网站包括学院首页、专业介绍、关于我们、最新资讯、联系我们 5 个页面。这 5 个页面中,除了学院首页以外,其他 4 个页面的风格是一致的,也就是说,在本项目中,我们仅需要设计两种网页模板:首页模板和普通页模板。

本项目是一个响应式网页设计实例,响应式 Web 设计(responsive webdesign)的理念是,页面的设计与开发应当根据用户行为及设备环境(系统平台、屏幕尺寸、屏幕定向等)进行相应的响应和调整。为了适应多种屏幕(PC 屏幕、平板电脑屏幕、手机屏幕),网站的整体布局为上、中、下,上方为标题区域,用于显示网站标题和导航;中部为内容区域,用于放置页面的具体内容;下方为版权区域,用于放置网页版权、机构信息,如图 3-20 所示。

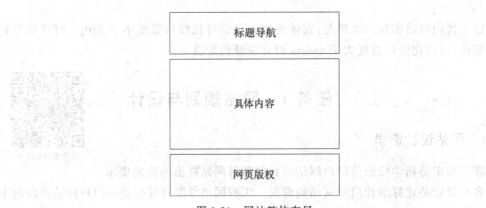

图 3-20　网站整体布局

3.4　任务 2　学院首页

门户网站的首页十分重要,不管在视觉上还是在内容上,都要能吸引浏览者。常见的是"巨屏宣传画+图文内容"的组合方式。

首页布局如图 3-21 所示。

图 3-21　首页布局

3.4.1　标题区域设计

网页标题区域分为左右两部分,左边为具体标题(h1),右边是一个搜索框(表单)。在项目中,利用 Bootstrap 的 navbar-left 和 navbar-right 进行布局。

因为 Bootstrap 的 navbar 系列的样式都做了 media 设置,所以这两个样式是可以根据屏幕大小自适应的(详见 bootstrap.css 文件中的相关定义),在屏幕比较大的情况下,显示效果图如图 3-22 所示。

首页设计规划

图 3-22　大屏幕标题区效果图

在屏幕比较小的情况下,显示效果图如图 3-23 所示。

具体代码如下。

```
<div class="header_bg">
<div class="container">
<div class="row header">
<div class="logo navbar-left">
<h1>
```

图 3-23　小屏幕标题区效果图

```
<a href="index.html">
××网络学院
</a>
</h1>
</div>
<div class="h_search navbar-right">
<form>
<input type="text" class="text" value="">
<input type="submit" value="搜索">
</form>
</div>
<div class="clearfix">
</div>
</div>
</div>
</div>
```

在上述代码中，container、row、navbar-left、navbar-right 和 clearfix 是 Bootstrap 中预定义的，而 header、header-bg 和 h_search 则是自定义的 CSS 样式。

相关的 CSS 代码如下（相关解释见注释）。

```
body{
font-family:'微软雅黑';
background:#ffffff;
font-size:100%;
}

/* 标题区 */
.header_bg{
border-top:8px groove #3b3b3b;
background:#ffffff;
}

.header{
padding:2%0;
}

.logo h1 a{
font-size:1em;
text-transform:uppercase;                    /* 强制大写 */
color:#3B3B3B;
text-decoration:none;                         /* 去除超链接下画线 */
```

```
font-family:'微软雅黑';
}
/* search */
.h_search{
width:30%;                                        /* 使用百分制布局 */
position:relative;                                /* 相对布局 */
margin-top:2%;
}

.h_search form{
width:100%;
}

.h_search form input[type="text"]{                /* CSS属性选择器 */
font-family:'微软雅黑';
padding:10px 16px;
outline:none;
color:#c6c6c6;
font-size:13px;
border:1px solid rgb(236,236,236);
background:#FFFFFF;
width:73.333%;                                    /* 使用百分制布局 */
line-height:22px;
position:relative;                                /* 相对布局 */
}

.h_search form input[type="submit"]{              /* CSS属性选择器 */
font-family:"微软雅黑";
background:#3B3B3B;                               /* 黑色背景 */
color:#ffffff;                                    /* 白色文字 */
text-transform:uppercase;                         /* 强制大写 */
font-size:13px;
padding:12px 18px;
border:none;                                      /* 去除默认边框 */
cursor:pointer;                                   /* 鼠标光标样式(小手) */
width:26.333%;                                    /* 使用百分制布局 */
position:absolute;                                /* 使用绝对定位 */
line-height:1.5em;
outline:none;                                     /* 去除默认边框轮廓 */
/* CSS过渡效果,鼠标悬停后,背景色渐变 */
transition:all 0.3s ease-in-out;
}

.h_search form input[type="submit"]:hover{        /* 鼠标悬停样式 */
background:#FF5454;                               /* 红色背景 */
}

/*****响应式布局设计*****/
@media only screen and(max-width: 768px) {
```

```
    .logo{
        text-align:center;
    }
    .h_search {
        width: 98%;
        padding: 20px;
    }
}
```

首页导航区设计(1)   首页导航区设计(2)

3.4.2 导航区域设计

导航区域是整个网站都公用的一个元素，根据响应式网页的特性，项目中将导航区域设计为两种状态。在屏幕较大的情况下，显示所有菜单项的内容，如图 3-24 所示。

图 3-24   大屏幕导航效果图

在屏幕较小的情况下，隐藏文字菜单项，仅显示图标菜单项和展开按钮，单击"展开"按钮，展开文字菜单项，如图 3-25 所示。

图 3-25   小屏幕导航效果图

该展开功能需要 jquery.js 与 bootstrap.js 的配合，需要在网页中引用。

```
<script type="text/javascript" src="js/jquery.min.js"></script>
<script type="text/javascript" src="js/bootstrap.js"></script>
```

相关 HTML 代码如下。

```
<div class="container">
<div class="row h_menu">
<nav class="navbar navbar-default navbar-left" role="navigation">
<!--自适应移动设备-->
<div class="navbar-header">
```

```
<button type="button" class="navbar-toggle" data-toggle="collapse" data-
target="#bs-navbar-collapse-1">
<span class="icon-bar"></span>
<span class="icon-bar"></span>
<span class="icon-bar"></span>
</button>
</div>
<!--可折叠导航条开始-->
<div class="collapse navbar-collapse" id="bs-navbar-collapse-1">
<ul class="navnavbar-nav">
<li class="active"><a href="index.html">学院主页</a></li>
<li><a href="technology.html">专业介绍</a></li>
<li><a href="about.html">关于我们</a></li>
<li><a href="blog.html">最新资讯</a></li>
<li><a href="contact.html">联系我们</a></li>
</ul>
</div>
<!--可折叠导航条结束-->
</nav>
<!--社交图标开始-->
<div class="soc_icons navbar-right">
<ul class="list-unstyled text-center">
<li><a href="#"><i class="fa fa-twitter"></i></a></li>
<li><a href="#"><i class="fa fa-facebook"></i></a></li>
<li><a href="#"><i class="fa fa-google-plus"></i></a></li>
<li><a href="#"><i class="fa fa-youtube"></i></a></li>
<li><a href="#"><i class="fa fa-linkedin"></i></a></li>
</ul>
</div>
<!--社交图标结束-->
</div>
</div>
```

上述的代码中有一个 button 元素，该元素的 CSS 样式为 navbar-toggle，在 bootstrap 的定义中，当屏幕宽度大于 768px 时，该样式自动隐藏。

相关 CSS 样式如下。

```
.h_menu{
    padding:0;
    background:#3B3B3B;
}

/*覆盖 bootstrap 的原始样式*/
.navbar{
    position:relative;
    min-height:60px;
    margin-bottom:0px;
    border:none;
}
```

```css
/* 覆盖 bootstrap 的原始样式 */
.navbar-default .navbar-collapse,
.navbar-default .navbar-form{
    background:#3B3B3B;
    color:#ffffff;
    padding:0;
}

/* 覆盖 bootstrap 的原始样式 */
.navbar-default .navbar-nav>.active>a,
.navbar-default .navbar-nav>li>a:hover,
.navbar-default .navbar-nav>.active>a,
.navbar-default .navbar-nav>.active>a:hover{
    background:#FF5454;
    color:#ffffff;
}

/* 覆盖 bootstrap 的原始样式 */
.navbar-default .navbar-nav>li>a{
    color:#fff;
    transition:all 0.3s ease-in-out;
}

/* 覆盖 bootstrap 的原始样式 */
.nav>li{
/* 右侧边框颜色充当分隔线 */
    border-right:1px solid #272525;
}

/* 覆盖 bootstrap 的原始样式 */
.nav>li>a{
    font-size:13px;
    padding:20px 30px;
    text-transform:uppercase;
}

/* 社交图标 */
.soc_icons{
}

.soc_icons ul{
    margin-bottom:0;
}

.soc_icons ul li{
    display:inline-block;
/* 左侧边框颜色充当分隔线 */
    border-left:1px solid #272525;
    margin-left:-3px;
```

```
        }

        .soc_icons ul li a{
            color:#ffffff;
            font-size:24px;
            display:block;               /*改为框元素*/
            line-height:60px;
            width:60px;
            height:60px;                 /*行高与高度相等,单行文字垂直居中*/
/*css过渡效果,鼠标悬停后,背景色渐变*/
            transition:all 0.3s ease-in-out;
        }

        .soc_icons ul li a:hover{        /*鼠标悬停样式*/
            background:#FF5454;
        }
```

在上述的 CSS 定义中，soc_icons 是一个自定义样式，要实现响应式布局，必须像 bootstrap 一样设置 media 规则（MediaQuries），相关代码如下。

```
/*****响应式布局设计 宽度小于 768px 时的样式*****/

@media only screen and(max-width:768px) {
                                    /*小屏幕时,navbar-left 独占一行,元素水平居中*/
    .logo{
        text-align:center;
    }
    .h_search{
        width:98%;                  /*小屏幕时,98%基本独占一行*/
        padding:20px;
    }
    .h_menu{
        position:relative;          /*相对布局*/
    }
    .soc_icons{                     /*相对布局,元素自动对其到左上角*/
        position:absolute;
        top:0px;
        background:#3b3b3b;
    }
/*覆盖 bootstrap 的原始样式*/
    .navbar-default .navbar-toggle{
        border-color:#FFF;
    }

/*覆盖 bootstrap 的原始样式*/
    .navbar{
        min-height:51px;
    }
```

```
/*覆盖 bootstrap 的原始样式*/
  .navbar-default .navbar-collapse,
  .navbar-default .navbar-form{
      border-color:#3b3b3b;
  }

/*覆盖 bootstrap 的原始样式*/
  .navbar-default{
      background-color:#3b3b3b;
      border:none;
  }

/*覆盖 bootstrap 的原始样式*/
  .navbar-nav{
      margin:0px 0px;
  }

/*覆盖 bootstrap 的原始样式*/
  .nav>li>a{
      padding:20px 15px;
  }

  .soc_icons ul li a{
      font-size:20px;
      line-height:50px;
      width:50px;
      height:50px;          /*行高与高度相等，单行文字垂直居中*/
  }
}
```

3.4.3 巨屏区域设计

巨屏区域效果图如图 3-26 所示。

首页巨屏区域设计

图 3-26　巨屏区域效果图

巨屏区域使用了一个名为 jquery.cslider.js 的幻灯片插件，该插件能根据设定的文字自动播放，引用和调用都比较简单，资源方面所需要的仅仅是一幅清晰度较高的图片。调用代码如下。

```
<link href="css/slider.css" rel="stylesheet" type="text/css"/>
<script type="text/Javascript" src="js/jquery.cslider.js"></script>
<script type="text/JavaScript" src="js/modernizr.custom.28468.js"></script>
```

HTML 代码如下。

```
<div class="slider_bg">
    <!--startslider-->
    <div class="container">
        <div id="da-slider" class="da-slider text-center">
            <div class="da-slide">
                <h2>
                    第 1 页幻灯片标题
                </h2>
                <p>
                    第 1 页幻灯片内容
                </p>
                <h3 class="da-link"><a href="#" class="fa-btn">详细</a></h3>
            </div>
            <div class="da-slide">
                <h2>
                    第 2 页幻灯片标题
                </h2>
                <p>
                    第 2 页幻灯片内容
                </p>
                <h3 class="da-link"><a href="#" class="fa-btn">详细</a></h3>
            </div>
            <div class="da-slide">
                <h2>
                    第 3 页幻灯片标题
                </h2>
                <p>
                    第 3 页幻灯片内容
                </p>
                <h3 class="da-link"><a href="#" class="fa-btn">详细</a></h3>
            </div>
            <div class="da-slide">
                <h2>
                    第 4 页幻灯片标题
                </h2>
                <p>
                    第 4 页幻灯片内容
                </p>
                <h3 class="da-link"><a href="#" class="fa-btn">详细</a></h3>
            </div>
```

```
            </div>
        </div>
    </div>
<!--endslider-->
```

CSS 代码如下。

```
.slider_bg{
    background:url('../images/slider_bg.jpg') no-repeat;
    background-size:100%;
}
.slider{
    padding:4%;
}
/ * Button 1 * /
.fa-btn {
    font-size: 14px;
    background: none;
    cursor: pointer;
    padding: 12px 40px;
    display: inline-block;
    margin: 10px 0px;
    outline: none;
    position: relative;
    border: 2px solid #ff5454;
    color: #3b3b3b;
    -webkit-transition: all 0.5s ease-in-out;
    -moz-transition: all 0.5s ease-in-out;
    transition: all 0.5s ease-in-out;
    border-radius: 4px;
    -webkit-border-radius: 4px;
    -moz-border-radius: 4px;
}
.fa-btn:hover, .fa-btn:active {
    background: #FF5454;
    text-decoration: none;
    color: #fff;
}
```

配置了幻灯片 HTML 代码和 CSS 代码后，可以通过如下 javascript 语句启动幻灯片
自动播放功能。

```
<script type="text/javascript">
$(function(){
$('#da-slider').cslider({
autoplay:true,
bgincrement:450
});
});
</script>
```

首页图文区域1设计

3.4.4　图文区域 1 设计

　　该部分是一个 4 列的图文区域，每列由图片、标题、内容组成。因此，该部分既要对每列进行响应式布局（使用 bootstrap 的栅格系统），又要对每列内部的元素进行布局。图文区域 1 效果图如图 3-27 所示。

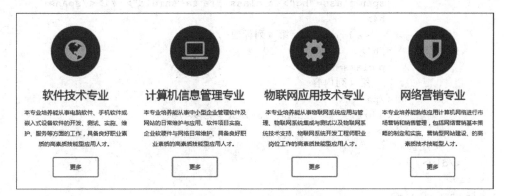

图 3-27　图文区域 1 效果图

相关 HTML 代码如下。

```html
<div class="main_bg">
<!--startmain-->
    <div class="container">
        <div class="main row">
            <div class="col-md-3 images_1_of_4 text-center">
                <span class="bg"><i class="fa fa-globe"></i></span>
                <h4><a href="#">第 1 列标题</a></h4>
                <p class="para">
                    第 1 列内容
                </p>
                <a href="#" class="fa-btn">更多</a>
            </div>
            <div class="col-md-3 images_1_of_4 bg1 text-center">
                <span class="bg"><i class="fa fa-laptop"></i></span>
                <h4>
                    <a href="#">第 2 列标题</a>
                </h4>
                <p class="para">
                    第 2 列内容
                </p>
                <a href="#" class="fa-btn">更多</a>
            </div>
            <div class="col-md-3 images_1_of_4 bg1 text-center">
                <span class="bg"><i class="fa fa-cog"></i></span>
                <h4>
                    <a href="#">第 3 列标题</a>
                </h4>
```

```
            <p class="para">
                第 3 列内容
            </p>
            <a href="#" class="fa-btn">更多</a>
        </div>
        <div class="col-md-3 images_1_of_4 bg1 text-center">
            <span class="bg"><i class="fa fa-shield"></i></span>
            <h4>
                <a href="#">第 4 列标题</a>
            </h4>
            <p class="para">
                第 4 列内容
            </p>
            <a href="#" class="fa-btn">更多</a>
        </div>
    </div>
    </div>
</div>
<!--endmain-->
```

相关 CSS 代码如下。

```css
/* startmain */
.main_bg{
    background:#ffffff;
}

.main{
    padding:5%0;
}

.images_1_of_4 img{
    display:inline-block;
}

.images_1_of_4 h4{
    margin:30px 0 15px;
}

.images_1_of_4 h4 a{
    display:inline-block;
    color:#353535;
    font-size:1.5em;
    font-family:'微软雅黑';
    text-transform:uppercase;
    -webkit-transition:all 0.3s ease-in-out;
    -moz-transition:all 0.3s ease-in-out;
    -o-transition:all 0.3s ease-in-out;
    transition:all 0.3s ease-in-out;
}
```

```
.images_1_of_4 h4 a:hover{
    text-decoration:none;
    color:#ff5454;
}

.images_1_of_4 span{
    width:120px;
    height:120px;
    display:block;
    margin:0 auto;
}

.bg{
    background:#3b3b3b;
    -webkit-transition:all 0.3s ease-in-out;
    -moz-transition:all 0.3s ease-in-out;
    -o-transition:all 0.3s ease-in-out;
    transition:all 0.3s ease-in-out;
    border-radius:75px;
    -webkit-border-radius:75px;
    -moz-border-radius:75px;
    -o-border-radius:75px;
}

.images_1_of_4 span i{
    font-size:6em;
    color:#e0e0e0;
    line-height:2em;
    text-shadow:1px 1px 0px #3b3b3b;
    -webkit-text-shadow:1px 1px 0px #3b3b3b;
    -moz-text-shadow:1px 1px 0px #3b3b3b;
    -o-text-shadow:1px 1px 0px #3b3b3b;
    -ms-text-shadow:1px 1px 0px #3b3b3b;
}

.para{
    font-size:14px;
    line-height:1.8em;
    color:#868686;
}

.images_1_of_4 a{
    position:relative;
    z-index:1;
}
```

响应式布局代码如下。

```
@media only screen and(max-width:1024px){
```

```
    .images_1_of_4h 4a{
        font-size:1.2em;
    }

    .para{
        font-size:13px;
    }
}

@media only screen and(max-width:768px) {
    .main{
        padding:4% 0;
    }

    .images_1_of_4{
        margin-bottom:4%;
    }
}

@media only screen and(max-width:480px) {
    .images_1_of_4 h4{
        margin:20px 0 10px;
    }
}

@media only screen and(max-width:320px) {
    .main{
        padding:8% 2%;
    }

    .images_1_of_4 h4{
        margin:15px 0 10px;
    }

    .images_1_of_4 span{
        width:88px;
        height:88px;
    }

    .images_1_of_4 span i{
        font-size:5em;
        line-height:1.8em;
    }

    .images_1_of_4 h4 a{
        font-size:1em;
    }
}
```

3.4.5 图文区域 2 设计

该部分是一个 2 列的图文区域，其中左边区域仅有图片，右边区域仅有标题和内容。图文区域 2 效果图如图 3-28 所示。

相关 HTML 代码如下。

首页图文区域 2 设计

图 3-28 图文区域 2 效果图

```
<div class="main row">
<div class="col-md-6 content_left">
<img src="images/pic1.jpg" alt="" class="img-responsive">
</div>
<div class="col-md-6 content_right">
<h4>
右侧标题
</h4>
<p class="para">
右侧正文
</p>
<a href="#" class="fa-btn">
更多
</a>
</div>
</div>
```

相关 CSS 代码如下。

```
.content_right h4{
    color:#353535;
    font-size:2.5em;
    font-family:'微软雅黑';
    line-height:1.5em;
}

.content_right h4 span{
    color:#ff5454;
```

```
}
.content_right a{
    position:relative;
    z-index:1;
}
```

3.4.6　图文区域 3 设计

这又是一个 4 列的图文区域，与图文区域 1 不同的是，该部分的内容使用了 owl.carousel.js 这个 jQuery 插件，实现了滚动效果。图文区域 3 效果图如图 3-29 所示。

首页图文区域 3 设计

图 3-29　图文区域 3 效果图

（1）需要从网站上下载资源文件包，解压后放入项目文件中。

（2）需要在 HTML 文件中引用相关文件并用一段 javascrpit 程序启动。

```
<!--Owl Carousel Assets -->
<link href="css/owl.carousel.css" rel="stylesheet">
<script src="js/owl.carousel.js"></script>
    <script>
        $(document).ready(function() {

            $("#owl-demo").owlCarousel({
                items : 4,
                lazyLoad : true,
                autoPlay : true,
                navigation : true,
                navigationText : ["", ""],
                rewindNav : false,
                scrollPerPage : false,
                pagination : false,
                paginationNumbers : false,
            });
        });
    </script>
```

（3）编写相关 HTML 代码。

```html
<!----旋转木马---->
<div id="owl-demo" class="owl-carousel text-center">
    <div class="item">
        <div class="cau_left">
            <img class="lazyOwl" data-src="images/c1.jpg" alt="">
        </div>
        <div class="cau_left">
            <h4><a href="#">优秀学员 01</a></h4>
            <p>2011 届毕业生,××公司创始人</p>
        </div>
    </div>
    <div class="item">
        <div class="cau_left">
            <img class="lazyOwl" data-src="images/c2.jpg" alt="">
        </div>
        <div class="cau_left">
            <h4><a href="#">优秀学员 02</a></h4>
            <p>2011 届毕业生,××公司创始人</p>
        </div>
    </div>
    <div class="item">
        <div class="cau_left">
            <img class="lazyOwl" data-src="images/c3.jpg" alt="">
        </div>
        <div class="cau_left">
            <h4><a href="#">优秀学员 03</a></h4>
            <p>2011 届毕业生,××公司创始人</p>
        </div>
    </div>
    <div class="item">
        <div class="cau_left">
            <img class="lazyOwl" data-src="images/c4.jpg" alt="">
        </div>
        <div class="cau_left">
            <h4><a href="#">优秀学员 04</a></h4>
            <p>2011 届毕业生,××公司创始人</p>
        </div>
    </div>
    <div class="item">
        <div class="cau_left">
            <img class="lazyOwl" data-src="images/c1.jpg" alt="">
        </div>
        <div class="cau_left">
            <h4><a href="#">优秀学员 05</a></h4>
            <p>2011 届毕业生,××公司创始人</p>
        </div>
    </div>
</div>
```

```
        <div class="item">
            <div class="cau_left">
                <img class="lazyOwl" data-src="images/c2.jpg" alt="">
            </div>
            <div class="cau_left">
                <h4><a href="#">优秀学员 06</a></h4>
                <p>2011 届毕业生,××公司创始人</p>
            </div>
        </div>
    </div>
</div>
```

在上述代码中,创建了 6 个样式为 item 的节点,用于体现滚动效果。

第四步,如果需要,编写相关 CSS 代码。本例的 owl.carousel.js 这个 jQuery 插件已经自带文件 owl.carousel.css,读者无须再自己编写。

以上的四个步骤也是在网页中引用插件的一般性步骤。

响应式布局代码如下。

```
@media only screen and(max-width:1440px) and(min-width:1366px){
    .owl-carousel{
        width:95%;
        margin:0 auto;
        padding:2%;
    }
}

@media only screen and(max-width:1366px) and(min-width:1280px){
    .owl-carousel{
        width:95%;
        margin:0 auto;
        padding:2%;
    }
}

@media only screen and(max-width:1280px) and(min-width:1024px){
    .owl-carousel{
        width:95%;
        margin:0 auto;
        padding:2%;
    }
}

@media only screen and(max-width:1024px) and(min-width:768px){
    .owl-carousel{
        width:95%;
        margin:0 auto;
        padding:2%;
    }
}
```

```
@media only screen and(max-width:800px) and(min-width:640px){
    .owl-carousel{
        width:95%;
        margin:0 auto;
        padding:2%;
    }
}

@media only screen and(max-width:640px) and(min-width:480px){
    .owl-carousel{
        width:95%;
        margin:0 auto;
        padding:2%;
    }
}

@media only screen and(max-width:480px) and(min-width:320px){
    .owl-carousel{
    }
}

@media only screen and(max-width:320px) and(min-width:240px){
    .owl-carousel{
    }

    #owl-demo.itemimg{
        width:40%;
        margin:0 auto;
        text-align:center;
    }
}
```

有关 owl.carousel.js 在其官方网站（http://www.owlgraphic.com/owlcarousel/）上有详细的使用说明，请读者自行学习。

3.4.7 版权区域设计

版权区域的内容就是文字，所以只需要设置定位方式及内部文字元素的样式即可。版权区域效果图如图 3-30 所示。

版权区域设计

© 版权所有 常州工程职业技术学院

图 3-30 版权区域效果图

相关 HTML 代码如下。

```
<div class="footer_bg">
<!--start footer-->
<div class="container">
<div class="row footer">
<div class="copy text-center">
<p class="link"><span>&#169;版权所有
<a href="http://www.czie.net/" target="_blank" title="常州工程职业技术学院">常
州工程职业技术学院</a>
</span></p>
</div>
</div>
</div>
</div>
```

以上代码中出现的 &#169 是一个 HTML 的字符实体，显示在网页中就是版权符号
©。HTML 中的预留字符必须被替换为字符实体，一些在键盘上找不到的字符也可以使
用字符实体来替换。在 HTML 中，某些字符是预留的，不能使用小于号（＜）和大于号
（＞），这是因为浏览器会误认为它们是标签。如果希望正确地显示预留字符，必须在
HTML 源代码中使用字符实体（character entities）。字符实体如下所示。

```
&entity_name;
```

或

```
&#entity_number;
```

如需显示小于号，必须这样写：&lt；或 &#60；或 &#060；，而最常用的字符实体
就是不间断空格（ ；）了，其他常用的字符实体可以到 w3school 上查询。

相关 CSS 代码如下。

```
.footer_bg{
    background:#f6f6f6;
}

.footer{
    padding:4%;
}

.copy p{
    color:#3b3b3b;
    font-size:14px;
    line-height:1.8em;
}

.copy p a{
    color:#ff5454;
    transition:all 0.3s ease-in-out;
}
```

```
.copy p a:hover{
    color:#3b3b3b;
    text-decoration:none;
}
```

3.5　任务3　专业介绍页面

专业介绍页面

专业介绍页面是一个典型的列表型网页，以列表的形式展示多项内容，通常情况下需要分页。为了能让浏览者在列表中预览某个专业的简介，可以在列表项中增加简介文字和图片。

专业介绍页面布局如图 3-31 所示。

```
┌─────────────────────────────────────────┐
│ ┌────┐        ┌──────────┐ ┌────┐         │
│ │标题│        │  文本框  │ │搜索│         │
│ └────┘        └──────────┘ └────┘         │
│ ┌─────────────────────────────────────┐   │
│ │               导航                  │   │
│ └─────────────────────────────────────┘   │
│ ┌─────────────────────────────────────┐   │
│ │ ┌──────┐                             │   │
│ │ │页面标题│                            │   │
│ │ └──────┘                             │   │
│ │ ┌─────────────────────────┐          │   │
│ │ │ ┌────────┐       ┌─────┐ │          │   │
│ │ │ │专业名称│       │     │ │          │   │
│ │ │ └────────┘       │图片 │ │          │   │
│ │ │ ┌──────────┐     │     │ │          │   │
│ │ │ │专业简介  │     └─────┘ │          │   │
│ │ │ └──────────┘             │          │   │
│ │ │ ┌────┐                   │          │   │
│ │ │ │详细│                   │          │   │
│ │ │ └────┘                   │          │   │
│ │ └─────────────────────────┘          │   │
│ │ ┌─────────────────────────┐          │   │
│ │ │ ┌────────┐       ┌─────┐ │          │   │
│ │ │ │专业名称│       │     │ │          │   │
│ │ │ └────────┘       │图片 │ │          │   │
│ │ │ ┌──────────┐     │     │ │          │   │
│ │ │ │专业简介  │     └─────┘ │          │   │
│ │ │ └──────────┘             │          │   │
│ │ │ ┌────┐                   │          │   │
│ │ │ │详细│                   │          │   │
│ │ │ └────┘                   │          │   │
│ │ └─────────────────────────┘          │   │
│ │ ┌─────────────────────────┐          │   │
│ │ │          分页           │          │   │
│ │ └─────────────────────────┘          │   │
│ └─────────────────────────────────────┘   │
│ ┌─────────────────────────────────────┐   │
│ │             网站版权                │   │
│ └─────────────────────────────────────┘   │
└─────────────────────────────────────────┘
```

图 3-31　专业介绍页面布局

3.5.1　标题区域设计

专业介绍页的网页标题区、导航区和版权区与首页基本一致，唯一不同的是，在网页标题区及导航区使用了一个背景图片，这个图片在首页被用于巨屏幻灯，这样设计有助于提高网站的整体性。

具体 HTML 代码如下。

```
<div class="header_bg1">
    <div class="container">
        <div class="row header">
```

```html
<div class="logo navbar-left">
    <h1><a href="index.html">常州工程学院</a></h1>
</div>
<div class="h_search navbar-right">
    <form>
        <input type="text" class="text" value="">
        <input type="submit" value="搜索">
    </form>
</div>
<div class="clearfix"></div>
</div>
<div class="row h_menu">
    <nav class="navbar navbar-default navbar-left" role="navigation">
        <!--自适应移动设备-->
        <div class="navbar-header">
            <button type="button" class="navbar-toggle" data-toggle=
             "collapse" data-target="#bs-example-navbar-collapse-1">
                <span class="icon-bar"></span>
                <span class="icon-bar"></span>
                <span class="icon-bar"></span>
            </button>
        </div>
        <!--可折叠导航条开始-->
        <div class="collapse navbar-collapse" id="bs-example-navbar-
         collapse-1">
            <ul class="nav navbar-nav">
                <li><a href="index.html">学院主页</a></li>
                <li class="active"><a href="technology.html">专业介绍
                 </a></li>
                <li><a href="about.html">关于我们</a></li>
                <li><a href="blog.html">最新资讯</a></li>
                <li><a href="contact.html">联系我们</a></li>
            </ul>
        </div>
        <!--可折叠导航条结束-->
        <!--社交图标开始-->
    </nav>
    <div class="soc_icons navbar-right">
        <ul class="list-unstyled text-center">
        <li><a href="#"><i class="fa fa-twitter"></i></a></li>
        <li><a href="#"><i class="fa fa-facebook"></i></a></li>
        <li><a href="#"><i class="fa fa-google-plus"></i></a></li>
        <li><a href="#"><i class="fa fa-youtube"></i></a></li>
        <li><a href="#"><i class="fa fa-linkedin"></i></a></li>
        </ul>
    </div>
</div>
<div class="clearfix"></div>
</div>
```

```
    </div>
```

在上述代码中，将最外层的样式改为 header_bg1（首页中为 header_bg）。相关 CSS
代码如下。

```
.header_bg1{
    border-top:8px groove #3b3b3b;
    background:url('../images/slider_bg.jpg') no-repeat left;
    background-size:100%;
}
```

3.5.2 图文区域设计

该图文区域包含一个专业的介绍，包括专业名称、专业简介、图片、超链接按钮。图文
区域效果图如图 3-32 所示。

图 3-32　图文区效果图

相关 HTML 代码如下。

```
<div class="technology row">
<h2>热门专业</h2>
<div class="technology_list">
<h4>专业 1 名称</h4>
<div class="col-md-10 tech_para">
<p class="para">专业 1 介绍文字</p>
</div>
<div class="col-md-2 images_1_of_4 bg1 pull-right">
<span class="bg"><i class="fa fa-files-o"></i></span>
</div>
<div class="clearfix"></div>
<div class="read_more">
<a href="single-page.html" class="fa-btn">详细</a>
</div>
</div>
<div class="technology_list">
<h4>专业 2 名称</h4>
<div class="col-md-10 tech_para">
```

```
<p class="para">专业 2 介绍文字</p>
</div>
<div class="col-md-2 images_1_of_4 bg1 pull-right">
<span class="bg"><i class="fa fa-files-o"></i></span>
</div>
<div class="clearfix"></div>
<div class="read_more">
<a href="#" class="fa-btn">详细</a>
</div>
</div>
<div class="technology_list">
<h4>专业 3 名称</h4>
<div class="col-md-10 tech_para">
<p class="para">专业 3 介绍文字</p>
</div>
<div class="col-md-2 images_1_of_4 bg1 pull-right">
<span class="bg"><i class="fa fa-files-o"></i></span>
</div>
<div class="clearfix"></div>
<div class="read_more">
<a href="#" class="fa-btn">详细</a>
</div>
</div>
</div>
```

在上述代码中,第 1 个专业的介绍都放在一个样式为 technology_list 的 div 中。在这个 div 中,上部分是专业名称(h4);中间部分使用 bootstrap 的栅格系统(col-md-10、col-md-2),分别放置了说明文字和图片;下部分是一个"更多"的超链接按钮,该按钮的定义与首页中的一致。

相关 CSS 代码如下。

```
/* start technology */
.technology{
    padding:4% 0;
}

.technology h2{
    margin:0 0 20px;
    text-transform:capitalize;
    font-size:3em;
    color:#3b3b3b;
    font-family:'微软雅黑';
}

.technology h4{
    font-size:22px;
    color:#5b5b5b;
    font-weight:100;
    text-transform:capitalize;
    display:block;
```

```
    margin:10px 0 8px;
}
.tech_para{
    padding-left:0;
    padding-right:0;
}

.technology_list1{
    margin-top:20px;
}
```

响应式布局代码如下。

```
@media only screen and(max-width:768px){
    .technology{
        padding:4%;
    }
    .technology h4{
        font-size:20px;
    }
}
@media only screen and(max-width:640px){
    .technology h4{
        font-size:17px;
    }
}
@media only screen and(max-width:480px){
    .technology h2{
        font-size:2em;
    }
}
@media only screen and(max-width:320px){
    .technology h4{
        font-size:14px;
        line-height:1.5em;
    }
}
```

3.5.3 分页区域设计

该页面图文区域的下方有两个小的组件，分别是分页和一个可以关闭的警告框（Alerts），如图 3-33 所示。

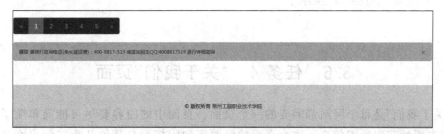

图 3-33 分页和警告框组件

分页使用了 Bootstrap 的组件 pagination 来实现，警告框也是 Bootstrap 的组件——可取消警告（Dismissal Alerts），它们的 HTML 代码如下。

```html
<ul class="pagination">
  <li><a href="#">&laquo;</a></li>
  <li><a href="#">1</a></li>
  <li><a href="#">2</a></li>
  <li><a href="#">3</a></li>
  <li><a href="#">4</a></li>
  <li><a href="#">5</a></li>
  <li><a href="#">&raquo;</a></li>
</ul>
<div class="alert alert-info">
  <button type="button" class="close" data-dismiss="alert"
  aria-hidden="true">&times;</button><strong>建议</strong>请拨打咨询电话(免
  长途话费)：400-8817-519　或添加招生 QQ：4008817519 进行详细咨询
</div>
```

与分页和警告框相关的 CSS 如下。

```css
.pagination>li>a, .pagination>li>span {
    font-size: 16px;
    padding: 10px 16px;
    color: #BDBDBD;
    background-color: #3b3b3b;
    border: 1px solid #2C2929;
}
.pagination>li>a:hover, .pagination>li>span:hover, .pagination>li>a:focus,
.pagination>li>span:focus {
    color: #FFFFFF;
    background-color: #ff5454;
    border-color: #DA4A4A;
}
.alert {
    font-size: 13px;
}
.alert-warning {
    color: #3b3b3b;
    background-color: #F3F3F3;
    border-color: #E2E2E2;
}
```

3.6　任务 4　"关于我们"页面

"关于我们"是每个网站都需要的一个页面。页面中的内容要尽可能简单明了，让浏览者很方便地获取所需信息。这个页面的标题区和版权面与其他几个二级页面一致，这里就不再赘述。标题以下的图文区域效果图如图 3-34 和图 3-35 所示。

关于我们

无锡市现代远程教育中心是无锡市广播电视大学举办，2003年经无锡市教育局批准成立、江苏省教育厅备案，与国内多所知名高校合作开展面向无锡地区网络专、本科学历教育和非学历培训的办学单位。中心以规范的教学管理和优质的助学服务多次获得上级教育主管部门的好评和合作高校优秀学习中心的荣誉奖项，是无锡市首家通过并获得了ISO9000国际质量管理体系认证的办学机构。目前中心是无锡地区最大的现代远程教育学习中心、管理中心和资源中心，已经为无锡市社会经济发展培养了万余名的各级各类应用型人才。

报专科起点本科须具备国民教育系列的专科或专科以上毕业证书；报高中起点专科、高中起点本科须具备国家承认的高中、中专及以上学历的毕业证书。通过报名资格验证后参加并通过高校自主命题的入学考试后录取。

报名时须本人毕业证书和身份证原件、复印件各四张、近期同底免冠彩色照片（两寸）四张。凡持不符合条件的毕业证书或假证件者报名入学后一经验证查出的后果自负。

每年春季招生报名9月至次年2月；秋季报名3月至8月。

学制：高中起点专科、专科起点本科2.5年，高中起点本科5年。

毕业证书国家教育部电子注册，国家予以承认。符合学位条件者，授予学士学位。

> 更多

图 3-34　"关于我们"上部分效果图

根据在职人员的特点，采用基于互联网的分散式教学模式，集中授课为辅。

学生利用业余时间可随时随地通过互联网或光盘学习课程，并通过参加实时和非实时的课程辅导，每学期参加由学校组织的在无锡市现代远程教育中心进行的课程期末考试。

> 更多

图 3-35　"关于我们"下部分效果图

"关于我们"页面布局如图 3-36 所示。

标题		文本框	搜索
导航			

页面标题
图文
图片 文字
网站版权

图 3-36　"关于我们"页面布局

在"关于我们"页面中，上方的整行图文布局使用的是首页中定义的 main_bg 样式，下方分为左右两个部分（使用 Bootstrap 中的栅格系统 col-md-6），布局使用的是 main_btm 样式。

相关 HTML 代码如下。

```html
<!--start main -->
<div class="main_bg">
    <div class="container">
        <div class="about row">
            <h2>关于我们</h2>
            <p class="para">上方正文</p>
            <a href="#" class="fa-btn">更多</a>
        </div>
    </div>
</div><!--end main -->
<div class="main_btm"><!--start main_btm -->
    <div class="container">
        <div class="main row">
            <div class="col-md-6 content_left">
                <img src="images/pic1.jpg" alt="" class="img-responsive">
            </div>
            <div class="col-md-6 content_right">
                <h4>下方标题</h4>
                <p class="para">下方正文</p>
                <a href="#" class="fa-btn">更多</a>
            </div>
        </div>
    </div>
</div>
```

相关 CSS 代码如下。

```css
/* start about */
.about{
    padding:4% 0;
}
.about h2{
    margin:0 0 20px;
    text-transform:capitalize;
    font-size:3em;
    color:#3b3b3b;
    font-family:'微软雅黑';
}
.about a{
    position:relative;
    z-index:1;
}
```

响应式布局代码如下。

```
@media only screen and(max-width:768px){
    .about{
        padding:4%;
    }
}
@media only screen and(max-width:480px){
    .about h2{
        font-size:2em;
    }
}
```

3.7　任务5　"最新资讯"页面

"最新资讯"页面和之前的专业介绍页面比较类似，都是列表型网页，集中展示多项相似内容。因为资讯的内容比起专业介绍的内容要丰富，所以可以把该网页设计得更丰富一些，在网页的内容区域可以做一个局部的左右布局。

"最新资讯"页面布局如图 3-37 所示。

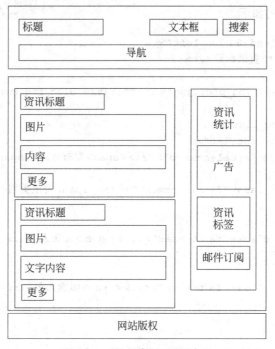

图 3-37　"最新资讯"页面布局

3.7.1　资讯区域设计

资讯区域包括"标题""图片""内容""更多"按钮，效果图如图 3-38 所示。

图 3-38 资讯区域效果图

相关 HTML 代码如下。

```
<div class="col-md-8 blog_left">
<h4><a href="#">资讯标题</a></h4>
<a href="#">
<img src="images/blog_pic1.jpg" alt=""class="blog_img img-responsive"/>
</a>
<div class="blog_list">
<ul class="list-unstyled">
<li><i class="fa fa-calendar-o"></i><span>发布时间</span></li>
<li>
<a href="#"><i class="fa fa-comment"></i><span>资讯类别</span></a>
</li>
<li>
<a href="#"><i class="fa fa-user"></i><span>发布人</span></a>
</li>
<li>
<a href="#"><i class="fa fa-eye"></i><span>阅读人数</span></a>
</li>
</ul>
</div>
<p class="para">资讯正文</p>
<div class="read_more">
<a href="#" class="fa-btn">更多</a>
</div>
<h4><a href="#">资讯标题</a></h4>
<a href="#">
```

```
<img src="images/blog_pic2.jpg" alt="" class="blog_img img-responsive"/>
</a>
<div class="blog_list">
<ul class="list-unstyled">
<li>
<i class="fa fa-calendar-o"></i><span>发布时间</span>
</li>
<li>
<a href="#"><i class="fa fa-comment"></i><span>资讯类别</span></a>
</li>
<li>
<a href="#"><i class="fa fa-user"></i><span>发布人</span></a>
</li>
<li>
<a href="#"><i class="fa fa-eye"></i><span>阅读人数</span></a>
</li>
</ul>
</div><p class="para">资讯正文</p>
<div class="read_more">
<a href="#" class="fa-btn">更多</a>
</div>
</div>
```

相关CSS代码如下。

```
.blog_left{
    display:block;
}

.blog_img{
    margin:4%0 2%;
}

.blog_left img{
    width:100%;
}

.blog_left h4 a{
    margin:0 0 20px;
    display:block;
    text-transform:capitalize;
    font-size:1.5em;
    color:#3b3b3b;
    font-family:'微软雅黑';
    -webkit-transition:all 0.3s ease-in-out;
    -moz-transition:all 0.3s ease-in-out;
    -o-transition:all 0.3s ease-in-out;
    transition:all 0.3s ease-in-out;
}
```

```
.blog_left h4 a:hover{
    text-decoration:none;
    color:#ff5454;
}

.blog_list{
}

.blog_list ul li{
    display:inline-block;
    margin-left:10px;
}

.blog_list ul li:first-child{
    margin-left:0;
}

.blog_list li a{
    display:block;
    padding:4px 8px;
    color:#b6b6b6;
    text-transform:capitalize;
}

.blog_list ul li i{
    font-size:15px;
    color:#b6b6b6;
}

.blog_list li span{
    padding-left:10px;
    font-size:14px;
    color:#b6b6b6;
}

.blog_list li span:hover, .blog_list li a:hover{
    color:#ff5454;
    text-decoration:none;
}

.read_more a{
    position:relative;
    z-index:1;
}
```

响应式布局代码如下。

```
@media only screen and(max-width:480px){
    .blog_left h4 a{
        font-size:1em;
```

```
        }

        .blog_list ul li{
            margin-left:5px;
        }

        .blog_list li a{
            padding:4px 4px;
        }
    }

@media only screen and(max-width:320px){
    .blog_list ul li:nth-child(3){
        margin-left:0;
    }
}
```

3.7.2　侧边区域设计

　　侧边区域从上到下依次为资讯统计、广告位、资讯标签、邮件订阅，效果图如图3-39～图3-41所示。

图 3-39　资讯统计效果图

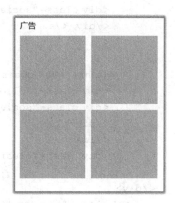

图 3-40　广告位效果图

图 3-41　资讯标签区域及邮件订阅区域效果图

相关 HTML 代码如下。

```html
<div class="col-md-4 blog_right">
    <div class="social_network_likes">
        <ul class="list-unstyled">
            <li>
            <a href="#" class="tweets">
            <div class="followers"><p><span>2K</span>好友</p></div>
            <div class="social_network">
            <i class="twitter-icon"></i>
            </div></a>
            </li>
            <li><a href="#" class="facebook-followers">
            <div class="followers"><p><span>5K</span>关注</p></div>
            <div class="social_network"><i class="facebook-icon"></i>
            </div></a>
            </li>
            <li>
            <a href="#" class="email">
            <div class="followers"><p><span>7.5K</span>订阅</p></div>
            <div class="social_network"><i class="email-icon"></i>
            </div></a>
            </li>
            <li>
            <a href="#" class="dribble">
            <div class="followers"><p><span>10K</span>好友</p></div>
            <div class="social_network"><i class="dribble-icon"></i>
            </div></a>
            </li>
            <div class="clear"></div>
        </ul>
    </div>
        <ul class="ads_nav list-unstyled">
            <h4>广告</h4>
            <li><a href="#"><img src="images/ads_pic.jpg" alt=""></a></li>
            <li><a href="#"><img src="images/ads_pic.jpg" alt=""></a></li>
            <li><a href="#"><img src="images/ads_pic.jpg" alt=""></a></li>
            <li><a href="#"><img src="images/ads_pic.jpg" alt=""></a></li>
        <div class="clearfix"></div>
        </ul>
        <ul class="tag_nav list-unstyled">
            <h4>标签</h4>
            <li class="active"><a href="#">网页设计</a></li>
            <li><a href="#">远程教育</a></li>
            <li><a href="#">数据库</a></li>
            <li><a href="#">JS</a></li>
            <li><a href="#">HTML5</a></li>
            <li><a href="#">CSS3</a></li>
            <li><a href="#">JavaScript</a></li>
```

```
        <li><a href="#">毕业证书</a></li>
        <li><a href="#">报名</a></li>
        <li><a href="#">考试安排</a></li>
        <li><a href="#">获奖</a></li>
        <div class="clearfix"></div>
    </ul>
  <div class="news_letter">
      <h4>邮件订阅</h4>
      <form>
      <span><input type="text" placeholder="请输入 Email 地址"></span>
      <span class="pull-right fa-btn"><input type="submit" value="订阅">
      </span>
      </form>
  </div>
</div>
    <div class="clearfix"></div>
```

相关 CSS 代码如下。

```
.blog_right h4{
    text-transform:capitalize;
    font-size:2em;
    color:#3b3b3b;
    font-family:'微软雅黑';
    margin-bottom:15px;
}
```

3.8 任务6 "联系我们"页面

"联系我们"页面和"关于我们"页面比较相似,不需要有十分吸引眼球的图片,但是需要简单易读的文字信息,最好再加上一个留言板之类的表单。

"联系我们"页面布局如图 3-42 所示。

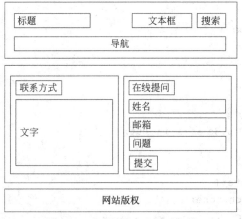

图 3-42 "联系我们"页面布局

3.8.1　联系方式设计

联系方式区域效果图如图 3-43 所示。

图 3-43　联系方式区域效果图

相关 HTML 代码如下。

```
<div class="col-md-4 company_ad">
<h2>联系方式</h2>
<address>详细地址</address>
</div>
```

相关 CSS 代码如下。

```
.company_ad h2{
    margin:0 0 20px;
    text-transform:capitalize;
    font-size:3em;
    color:#3b3b3b;
    font-family:'微软雅黑';
}

.company_ad p{
    font-size:14px;
    color:#3b3b3b;
}

.company_ad p a{
    color:#ff5454;
    transition:all 0.3s ease-in-out;
}

.company_ad p a:hover{
    text-decoration:none;
    color:#3b3b3b;
}
```

响应式布局代码如下。

```
@media only screen and(max-width:640px){
    .company_ad{
        margin-left:0;
    }
}
@media only screen and(max-width:480px){
    .company_ad h2{
        font-size:2em;
    }
}
```

3.8.2　在线提问设计

在线提问区域效果图如图 3-44 所示。

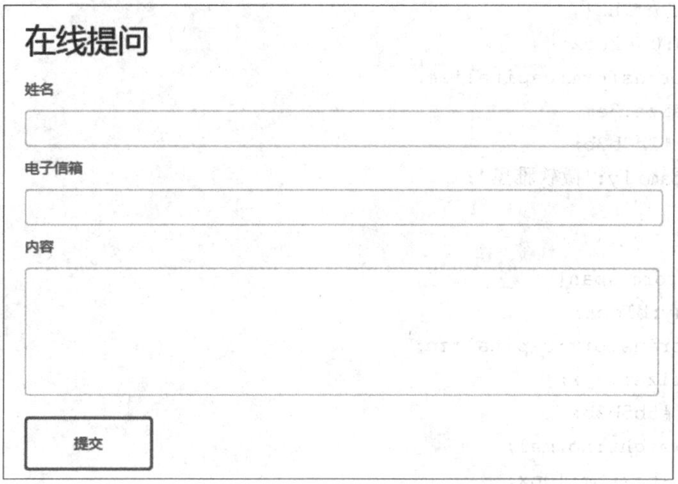

图 3-44　在线提问区域效果图

相关 HTML 代码如下。

```
<div class="col-md-8">
<div class="contact-form">
<h2>在线提问</h2>
<form method="post" action="contact-post.html">
<div><span>姓名</span>
<span>
<input type="text" class="form-control" id="userName">
</span>
</div>
<div>
<span>电子信箱</span>
<span>
```

```
<input type="email" class="form-control" id="inputEmail3">
</span>
</div>
<div>
<span>内容</span>
<span><textarea name="userMsg"></textarea></span>
</div>
<div>
<label class="fa-btn"><input type="submit" value="提交">
</label>
</div>
</form>
</div>
</div>
```

相关 CSS 代码如下。

```
.contact-form h2{
    margin:0 0 20px;
    text-transform:capitalize;
    font-size:3em;
    color:#3b3b3b;
    font-family:'微软雅黑';
}

.contact-form span{
    display:block;
    text-transform:capitalize;
    font-size:14px;
    color:#5b5b5b;
    font-weight:normal;
    margin-bottom:10px;
}

.contact-form textarea{
    font-family:'微软雅黑';
    padding:10px;
    display:block;
    width:99.3333%;
    background:#ffffff;
    outline:none;
    color:#c0c0c0;
    font-size:0.8725em;
    border:1px solid #ECECEC;
    -webkit-appearance:none;
    resize:none;
    height:120px;
    border-radius:4px;
```

```
    -webkit-border-radius:4px;
    -moz-border-radius:4px;
    -o-border-radius:4px;
    transition:all 0.3s ease-in-out;
}

.contact-form textarea:focus{
    border:1px solid #ff5454;
}

.form-control{
    box-shadow:none;
    border:1px solid #ECECEC;
    transition:all 0.3s ease-in-out;
}

.form-control:focus{
    box-shadow:none;
}

.contact-form input [type="submit"]{
    font-family:'微软雅黑';
    -webkit-appearance:none;
    cursor:pointer;
    border:none;
    outline:none;
    background:none;
    text-transform:uppercase;
    font-weight:100;
}

.contact-form label{
    position:relative;
    z-index:1;
}

.form-control:focus{
    border-color:#ff5454;
}
```

响应式布局代码如下。

```
@media only screen and(max-width:480px) {
    .contact-form h2{
        font-size:2.5em;
    }
}
```

3.9　项目进阶

　　本项目是一个较为综合的门户网站，设计了 1 个首页、4 个二级页面，在设计过程中考虑多屏幕浏览的情况，是一个"响应式"网站。网站的核心样式是在 style.css 文件中实现的，请参考 style.css 文件中的各个样式，制作一个 blue-style.css 文件，能够在不修改网页 HTML 元素的前提下，通过切换 css 文件，实现网站的风格的转换。

3.10　课外实践

　　请自行设计一个企业门户，包括首页、企业简介、产品列表、留言板、招贤纳士等页面。

提高项目：购物车页面设计

4.1 项目介绍

本项目是一个模拟购物车界面的应用，严格来说功能并不完整，因为并没有设计数据存储，只完成了显示、计算等功能。本项目有界面简洁、操作方便等特点，如图 4-1 所示。每一行是一个列表项，有"＋""－"两个按钮，单击一次可以增加或者减少一件商品，下方的合计栏中则显示商品件数、总花费和最贵商品等信息。

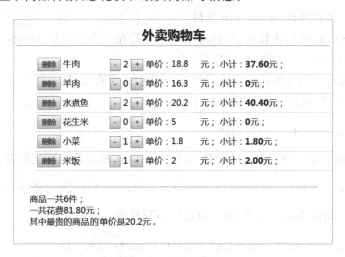

图 4-1　项目效果图

本项目重点学习 JavaScript 的基础知识，项目可分为 3 个工作任务：任务 1 是项目整体的规划与设计，任务 2 是界面设计，任务 3 是完成 JavaScript 代码编写。

4.2　知识准备

在本项目中，要求读者会使用少量的 JavaScript 代码。JavaScript 是一种轻量级的编程语言，一般嵌入在 HTML 页面中，由浏览器执行。本书后文中的项目与 JavaScript 有很大的关系。

1. 在 Web 页面中使用 JavaScript 的方法

JavaScript 基础(1)

1）方法 1：在页面中直接嵌入 JavaScript 代码

（1）在页面的 head 部分或者 body 部分（body 的后面较好）插入 script 标签，可以加入该标签的 type 属性，该属性描述了文档的类型。

（2）在 script 标签内部编写 JavaScript 语句。

例如：

```
<html>
    <head></head>
    <body>
        <script type="text/javascript">
            document.write("Hello World!");
        </script>
    </body>
</html>
```

2）方法 2：链接外部 JavaScript 文件

如果 JavaScript 语句比较多，应该将这些语句写在一个单独的 JavaScript 文件中。

（1）建立 JavaScript 文件，扩展名是.js。

（2）将要编写的 JavaScript 代码写到.js 文件中并保存文件。

例如，建立一个 file.js 文件，输入如下代码。

```
document.write("Hello World!");
```

（3）将 JavaScript 文件导入 HTML 文件中，script 标签是双标记标签，语法如下。

```
<script type="text/javascript" src="JavaScript 文件名和路径"></script>
```

如果导入上面的 file.js 文件，则可以这样编写代码。

```
<script type="text/javascript" src="file.js"></script>
```

注意：在一个已经导入外部.js 文件的 script 标签中，不能在它的开始标签和结束标签中写 JavaScript 命令。

2. JavaScript 的语法特点

（1）区分大小写。变量、函数名、运算符等都是区分大小写的。

（2）变量是弱类型。变量无特定的类型，定义变量时只用 var 运算符，可以将它初始化为任意值，也可以随时改变变量所保存数据的类型。

JavaScript 基础（2）

（3）每行结尾的分号可有可无。允许开发者自行决定是否以分号结束一行代码。如果没有分号，就把折行代码的结尾看作该语句的结尾。

（4）注释。单行注释以双斜杠开头(//)；多行注释以单斜杠和星号开头(/ *)，以星号和单斜杠结尾(* /)。

（5）括号表示代码块。代码块表示一系列应该按顺序执行的语句，这些语句被封装在左花括号(｛)和右花括号(｝)之间。

```
<html>
    <head></head>
    <body>
        <script type="text/javascript">
            document.write("Hello World!");
        </script>
    </body>
</html>
```

＜script type＝"text/javascript"＞和＜/script＞告诉浏览器 JavaScript 从何处开始、到何处结束。

把 document.write 命令输入＜script type＝"text/javascript"＞与＜/script＞之间后，浏览器就会把它当作一条 JavaScript 命令来执行，这样浏览器就会向页面写入 Hello World!。

3. JavaScript 变量

变量命名规则：第一个字符必须是字母、下画线(_)或美元符号($)；余下的字符可以是下划线、美元符号或其他任何字母或数字字符。

JavaScript 基础（3）

```
//定义单个变量
var count;

//定义多个变量
var count, amount, level;

//定义变量并初始化
var count=0,
amount=100;
```

4. JavaScript 基本数据类型

（1）Undefined 类型。当声明的变量未初始化时，该变量的默认值是 undefined。

```
var name;
alert(name);              //undefined
alert(age);               //错误：age is not defined
```

（2）Null 类型。null 用于表示尚未存在的对象。

Null 类型的值是 null，它表示一个空对象指针，没有指向任何对象，如果一个变量的值是 null，那么当前变量很可能就是垃圾收集的对象，使用 typeof 监测 null 值时会返回 object。

建议：如果变量是要用于保存对象的，则初始化为 null，这样就可以检测该变量是否已经保存了一个对象的引用。

```
var person=null;
alert(typeof person);           //"object"
```

注意：undefined 值是派生自 null 的，所以对它们执行相等测试会返回 true。

```
alert(null==undefind);          //true
```

（3）Boolean 类型。这种类型有 true 和 false 两个值。

（4）Number 类型。这种类型既可以表示 32 位的整数，也可以表示 64 位的浮点数。

数值类型有很多值，最基本的就是十进制，如下所示。

```
var num=510;
```

除了十进制，整数还可以用八进制或十六进制，其中八进制字面值第一位必须是 0，然后是八进制数字序列。如果字面值中的数值超出了范围，那么前导零将被忽略。后面的数值将被当作十进制数解析。

```
var num1=070;             //八进制的 56
var num2=079;             //无效的八进制——解析为 79
var num3=08;              //无效的八进制——解析为 8
```

而十六进制前面则必须是 0x，后跟十六进制数字（0～F），不区分大小写，如下所示。

```
var num1=0xA;
var num2=0x1f;
```

除了整数，还有浮点数值，如下所示。

```
var num1=1.1;
var num2=0.1;
var num3=.1;             //有效，但不推荐
```

此外，还有一些极大或极小的数值，可以用科学计数法表示。

```
var num=123.456e10;
```

浮点数值的最高精度是 17 位小数，但是计算时其精确度远远不如整数。例如，0.1＋0.2 不等于 0.3，而是 0.3000000000000004。所以在做判断时，不要用浮点数相加判断等于预想中的某个值。

在 JavaScript 中数值最小的是 Number.MIN_VALUE，这里可以想象成 Number 是一个类，而 MIN_VALUE 是一个静态变量，储存最小值。同样，最大的是 Number.MAX_VALUE。

如果计算中超出了这个最大值和最小值范围，则将被自动转换成 Infinity 值，如果是负数，就是-Infinity；整数就是 Infinity。Infinity 的意思是无穷，也就是正负无穷，跟数学中的概念是一样的。但是 Infinity 是无法参与计算的。可以用原生函数确定是不是有穷：isFinite()；只有位于数值范围内才会返回 true。

在 JavaScript 中数值除了那些普通的整数、浮点数、最大值、最小值、无穷之外，还有一个特殊的值，就是 NaN。这个数值用于表示一个本来要返回数值的操作数未返回数值的情况。比如，任何数值除以 0 会返回 NaN，因此不会影响代码的执行。

NaN 的特点：①任何设计 NaN 的操作（如 NaN/0）都会返回 NaN；②NaN 与任何值都不相等，包括 NaN 本身。

```
alert(NaN==NaN);        //false
```

所以 JavaScript 中有一个 isNaN() 函数，这个函数接收一个参数，是任意类型，它会帮我们确定这个参数是否"不是数值"。

（5）String 类型：字符串，没有固定大小。

字符串可以由单引号或双引号表示，在 JavaScript 中这两种引号是等价的。

```
var name='jwy';
var author="jwy";
```

字符串可以直接用字面量赋值。任何字符串的长度都可以通过访问其 length 属性获得。

在 JavaScript 中的字符串是不可变的，字符串一旦创建，它们的值就不能改变，要改变某个变量保存的字符串，首先要销毁原来的字符串，然后再用另一个新的字符串填充该变量。

```
var name="jwy";
name="jwy"+" study JavaScript";
```

这里一开始 name 是保存字符串"jwy"的，第二行代码则将"jwy"＋"study JavaScript"；值重新赋给 name。它先创建一个能容纳这个长度的新字符串，然后填充，销毁原来的字符串。

几乎每个值都有自己的 toString() 方法，它会返回相应值的字符串表现。

```
var age=11;
var ageToString=age.toString(); //"11"
```

数值、布尔值、对象和字符串值都有 toString()，但是 null 和 undefined 值没有这个方法。

一般来说，调用 toString() 方法不必传递参数，但是，在调用数值的 toString() 方法时，可以传递一个参数，用于指定要输出的数值的基数（由需要输出十进制、二进制、八进制、十六进制中的哪种进制决定）。

5. 数据类型的转换

（1）转换成字符串：Boolean、Number 和 String 都有 toString()方法，可以把它们的值转换成字符串。

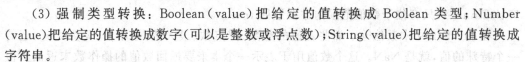

（2）转换成数字：JavaScript 提供了两种把非数字的原始值转换成数字的方法，即 parseInt()和 parseFloat()。

（3）强制类型转换：Boolean(value)把给定的值转换成 Boolean 类型；Number(value)把给定的值转换成数字(可以是整数或浮点数)；String(value)把给定的值转换成字符串。

```
var s=String("hello");
alert(typeof s);         //结果是 string
var s1=new String("world");
alert(typeof s1);        //结果是 object
```

6. JavaScript 分支语句

JavaScript 基础(5)

（1）if 语句：在一个指定的条件成立时执行代码。

```
var num=100;             //定义变量 num,并赋值
//if 语句开始,判断 num 是否等于 100,如果是,则执行花括号内的语句
if(num==100) {
    num++;
    alert(num);
}
```

（2）if...else 语句：在指定的条件成立时执行代码,当条件不成立时执行另外的代码。

```
var num=100;             //定义变量 num,并赋值
if(num>100) {            //if 语句开始
    alert(num+"大于 100");
}
else {                   //else 语句开始
    alert(num+"小于或等于 100");
}
```

（3）if...else if...else 语句：使用这个语句可以选择执行若干块代码中的一个。

```
var num=100;             //定义变量 num 并赋值
if(num>100)              //if 语句开始
    alert(num+"大于 100");
else if(num==100)        //else if 语句
    alert(num+"等于 100");
else                     //else 语句
    alert(num+"小于 100");
```

（4）switch 语句：使用这个语句可以选择执行若干块代码中的一个。

```
var num=100;             //定义变量 num 并赋值
switch(num) {
```

```
case 1: {
    alert("1");
}; break;
case 50: {
    alert("50");
}; break;
case 100: {
    alert("100");
}; break;
default: {
    alert("默认的消息框!");
}
}
```

7. JavaScript 循环语句

JavaScript 基础(6)

（1）for 循环语句：在脚本的运行次数已确定的情况下使用 for 循环语句。

```
for(i=0; i<=5; i++) {
    document.write("数字是 "+i);
    document.write("<br>");
}
```

（2）while 循环语句：利用 while 循环语句在指定条件为 true 时循环执行代码。

```
var i=0;
while(i<=5) {
    document.write("数字是 "+i);
    document.write("<br>");
    i++
}
```

（3）do...while 循环语句：利用 do...while 循环语句在指定条件为 true 时循环执行代码。在即使条件为 false 时,这种循环会至少执行一次。

```
var i=0;
do {
    document.write(i+"<br>");
    i++;
} while(i<=5)
```

（4）for...in 迭代语句：for...in 语句是严格的迭代语句,用于枚举对象的属性。

```
document.write("test<br>");
var a=[3, 4, 5, 7];
for(var test in a) {
    document.write(test+": "+a[test]+"<br>");
}
```

（5）break 和 continue 语句：break 语句可以立即退出循环,阻止再次反复执行任何代码;continue 语句只是退出当前循环,根据控制表达式还允许继续进行下一次循环。

```
for(i=0; i<10; i++) {
    if(i==3) {
        break;
    }
    document.write(i+" ");
}
//输出 1 2

for(i=0; i<10; i++) {
    if(i==3) {
        continue;
    }
    document.write(i+" ");
}
//输出 1 2 4 5 6 7 8 9
```

8. JavaScript 测试语句

（1）try...catch 语句：try...catch 可以测试代码中的错误。try 部分包含需要运行的代码，而 catch 部分包含错误发生时运行的代码。

（2）throw 声明：throw 声明的作用是创建 exception（异常）。可以把这个声明与 try...catch 声明配合使用，以精确输出错误消息。

```
var array=null;
try {
    document.write(array[0]);
} catch(err) {
    document.writeln("Error name: "+err.name+"");
    document.writeln("Error message: "+err.message);
}
finally{
    alert("object is null");
}
```

程序执行过程如下。

（1）array[0]由于没有创建 array 数组，array 是个空对象，程序中调用 array[0]就会产生 object is null 的异常。

（2）catch(err)语句捕获到这个异常，通过 err.name 打印了错误类型，err.message 打印了错误的详细信息。

（3）finally 类似于 Java 中的 finally，无论有无异常都会执行。

9. 消息框

（1）alert 警告框：用户需要单击"确定"按钮才能继续进行操作。

`alert("休息时间到");`

JavaScript 基础(7)

（2）confirm 确认框：如果用户单击"确定"按钮，那么返回值为 true；如果用户单击

"取消"按钮，那么返回值为 false。

```
var r=confirm("休息时间到了吗?");
if(r==true) {
    document.write("到了");
} else {
    document.write("还没到");
}
```

（3）prompt 提示框：如果用户单击"确定"按钮，那么返回值为输入的值；如果用户单击"取消"按钮，那么返回值为 null。

```
var score;                //分数
var degree;               //分数等级
score=prompt("你的分数是多少?") if(score>100) {
    degree='100分满分！ ';
} else {
    switch(parseInt(score/10)) {
    case 0:
    case 1:
    case 2:
    case 3:
    case 4:
    case 5:
        degree="不及格!";
        break;
    case 6:
        degree="及格";
        break;
    case 7:
        degree="中等"
        break;
    case 8:
        degree="良好";
        break;
    case 9:
        degree="优秀";
        break;
    case 10:
        degree="满分";
    }//end of switch
}//end of else
    alert(degree);
}
```

10. JavaScript 内置对象

（1）Array：用于在单个的变量中存储多个值。Array 对象的属性 length 返回该数组中的元素个数，通常在使用循环迭代数组中的值时用到。

```
var myArray=new Array(1, 2, 3);
for(var i=0; i<myArray.length; i++) {
    document.write(myArray[i]);
}
```

（2）Date：用于处理日期和时间。

JavaScript Date 对象可以在没有参数的情况下对其进行实例化。

```
var myDate=new Date();          //当前时间
```

或传递 milliseconds（毫秒）作为参数。

```
var myDate=new Date(milliseconds);
```

或传递日期字符串作为参数。

```
var myDate=new Date(dateString);
```

或者传递多个参数来创建一个完整的日期。

```
var myDate=new Date(year, month, day, hours, minutes, seconds, milliseconds);
```

toDateString()方法将日期转换为字符串，toTimeString()方法将时间转换为字符串。

```
var myDate=new Date();
document.write(myDate.toDateString());
//输出 Tue Jun 09 2015
document.write(myDate.toTimeString());
//输出 14:23:56 GMT+0800(中国标准时间)
```

（3）Math：用于执行数学任务。

Math 对象用于执行数学函数，它不能加以实例化。

```
var pi=Math.PI;
```

此外，Math 对象有许多属性和方法，向 JavaScript 提供数学功能。

（4）Number：对 JavaScript 原始值 Number 类型的封装。

Number 对象是一个数值包装器，可以使用 new 关键词进行创建，并设置初始变量。

```
var myNumber=new Number(12.3);
```

除了存储数值，Number 对象包含各种属性和方法，用于操作或检索关于数字的信息。Number 对象可用的所有属性都是只读常量，这意味着它们的值始终保持不变，不能更改。有 4 个属性包含在 Number 对象中：MAX_VALUE、MIN_VALUE、NEGATIVE_INFINITY、POSITIVE_INFINITY。

MAX_VALUE 属性返回 1.7976931348623157e+308 值，它是 JavaScript 能够处理的最大数字。

```
document.write(Number.MAX_VALUE);
//Result is: 1.7976931348623157e+308
```

MIN_VALUE 返回 5e-324 值，这是 JavaScript 中最小的数字。

```
document.write(Number.MIN_VALUE);
```

```
//Result is: 5e-324
```

NEGATIVE_INFINITY 是 JavaScript 能够处理的最大负数，表示为-Infinity。

```
document.write(Number.NEGATIVE_INFINITY);
//Result is: -Infinity
```

POSITIVE_INFINITY 属性是大于 MAX_VALUE 的任意数，表示为 Infinity。

```
document.write(Number.POSITIVE_INFINITY);
//Result is: Infinity
```

（5）String：用于处理文本（字符串），是对 JavaScript 原始值 String 类型的封装。

JavaScript String 对象是文本值的包装器。除了存储文本，String 对象包含一个属性和各种方法来操作或收集有关文本的信息。String 对象不需要进行实例化便能够使用。例如，用户可以将一个变量设置为一个字符串，然后 String 对象的所有属性或方法都可用于该变量。

```
var myString="My string";
```

String 对象只有一个属性，即 length，它是只读的。length 属性可用于只返回字符串的长度，不能在外部修改它。随后的代码提供了使用 length 属性确定一个字符串中的字符数的示例。

```
var myString="My string";
document.write(myString.length);
//Results in a numeric value of 9
```

该代码的结果是 9，因为两个词之间的空格也作为一个字符计算。

chartAt 方法可用于检索字符串中的特定字符。下面的代码说明了如何返回字符串的第一个字符。

```
var myString="My string";
document.write(myString.chartAt(0));
//输出 M
```

如果想要组合字符串，可以使用加号（＋）将这些字符串加起来，或者使用 concat()方法。该方法接受无限数量的字符串参数，连接它们，并将综合结果作为新字符串返回。

```
var myString1="My";
var myString2=" ";
var myString3="string";
document.write(myString.concat(myString1, myString2, myString3));
//输出 My String
```

11. JavaScript 函数

函数是由事件驱动的或者当它被调用时执行的是可重复使用的代码块。
以下是创建函数的语法。

```
function 函数名(var1, var2, ..., varX) {
    代码...
```

```
    return 返回值
}
```

（1）arguments 对象：在函数代码中，使用特殊对象 arguments，用于存放函数传递的形式参数。

（2）return 语句：用于设定返回值，返回值可以是原始类型，也可以是引用类型。

对于 JavaScript 语言的高级运用，读者可以通过阅读其他相关教程进行学习。

12. JavaScript 对象

JavaScript 基础（8）

对象是带有属性和方法的特殊数据类型，JavaScript 是面向对象的语言，JavaScript 中的所有事物都是对象：如字符串、数值、数组、函数等。JavaScript 提供多个内建对象，如 String、Date、Array 等。JavaScript 允许自定义对象。

访问对象的属性的语法：objectName.propertyName。

访问对象的方法的语法：objectName.methodName()。

下面举一些 JavaScript 内置对象来说明它的使用方法。

（1）Date 对象：这是一个表示日期的对象，在使用时需要使用 new 关键词，新建一个 Date 对象的实例，如命名为 today，然后可以通过 today.getHours()、getMinutes()、getSeconds()方法获取当前时间中的时、分、秒，示例代码如下。

```
var today=new Date();
var h=today.getHours();
var m=today.getMinutes();
var s=today.getSeconds();
oDiv.innerHTML=h+":"+m+":"+s;
```

（2）Math 对象：Math 是 JavaScript 的数学对象，这个对象用于访问数学的属性和方法，如 Math.PI 用于引出圆周率；Math.sqrt 用于计算平方根；Math.pow(10,3)用于幂运算，这里计算的是 10 的 3 次方，示例代码如下。

```
<div id="show"></div>
<script>
    show.innerHTML+=Math.PI+"<br/>";
    show.innerHTML+=Math.sqrt(16)+"<br/>";
    show.innerHTML+=Math.pow(10,3);
</script>
```

以上代码在浏览器中显示的效果如下。

```
3.141592653589793
4
1000
```

从以上两个实例可以看到，Date 对象和 Math 对象的使用方法是有很大差别的，Date 对象需要用 new 关键词进行实例化，而 Math 对象不需要，这是因为 Date 对象的方法和属性都是非静态的，这时需要用实例名访问，而 Math 对象所有的方法和属性都是静态的，静态的方法和属性要用对象名访问。

JavaScript 学习网站如下。

基础教程　http://www.w3school.com.cn/js/index.asp。

高级教程　http://www.w3school.com.cn/js/index_pro.asp。

4.3　任务 1　项目规划与设计

项目规划与设计

由于本项目是购物车的一个模拟，仅实现显示、计算功能，没有包含存储功能，操作流程如图 4-2 所示。

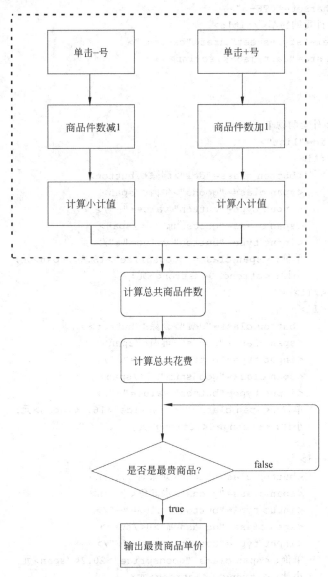

图 4-2　项目操作流程

4.4　任务2　界面设计

本项目的界面比较简单，整体上用一个列表结构就可以实现，在不做太多美化的情况下，CSS代码也十分简单。

完整的 HTML 代码如下。

界面设计

```
<!DOCTYPE html>
<html lang="en">
<head>
    <meta charset="UTF-8">
    <title>外卖购物车</title>
    <link rel="stylesheet" href="css.css">
    <script src="cart.js"></script>
</head>
<body>
    <div>
        <h2>外卖购物车</h2>
        <ul id="list">
            <li>
                <button class="del">删除</button>
                <span class="goods">牛肉</span>
                <input type="button" value="-"/>
                <span class="goodsnum">0</span>
                <input type="button" value="+"/>
                单价:<span class="goodsprice">18.8</span>元;
                小计:<strong>0</strong>元;
            </li>
            <li>
                <button class="del">删除</button>
                <span class="goods">羊肉</span>
                <input type="button" value="-"/>
                <span class="goodsnum">0</span>
                <input type="button" value="+"/>
                单价:<span class="goodsprice">16.3</span>元;
                小计:<strong>0</strong>元;
            </li>
            <li>
                <button class="del">删除</button>
                <span class="goods">水煮鱼</span>
                <input type="button" value="-"/>
                <span class="goodsnum">0</span>
                <input type="button" value="+"/>
                单价:<span class="goodsprice">20.2</span>元;
                小计:<strong>0</strong>元;
            </li>
```

```
        <li>
            <button class="del">删除</button>
            <span class="goods">花生米</span>
            <input type="button" value="-"/>
            <span class="goodsnum">0</span>
            <input type="button" value="+"/>
            单价: <span class="goodsprice">5</span>元;
            小计: <strong>0</strong>元;
        </li>
        <li>
            <button class="del">删除</button>
            <span class="goods">小菜</span>
            <input type="button" value="-"/>
            <span class="goodsnum">0</span>
            <input type="button" value="+"/>
            单价: <span class="goodsprice">1.8</span>元;
            小计: <strong>0</strong>元;
        </li>
        <li>
            <button class="del">删除</button>
            <span class="goods">米饭</span>
            <input type="button" value="-"/>
            <span class="goodsnum">0</span>
            <input type="button" value="+"/>
            单价: <span class="goodsprice">2</span>元;
            小计: <strong>0</strong>元;
        </li>
    </ul>
    <p>商品一共<span id="num">0</span>件;<br/>
    一共花费<span id="price">0</span>元;<br/>
    其中最贵的商品单价是<span id="max">0</span>元;</p>
    </div>
</body>
```

相关 CSS 代码如下。

```
li{
    border-bottom:1px dashed #ccc;
    padding:5px;
    list-style:none;
}
div{
    border: 1px solid #ccc;
    width: 600px;
    margin: 0 auto;
}
.goods{
    display:inline-block;
```

```
        width:15%;
    }
    .goodsprice{
        display:inline-block;
        width:10%;
    }
    h2{
        text-align: center;
        margin: 5px;
        padding:5px;
        border-bottom: 1px solid #ccc;
    }
    p{
        border-top: 1px solid #ccc;
        margin: 30px;
        padding-top:10px;
    }
```

4.5　任务3　编写 JavaScript 代码

编写 JavaScript 代码

以下是 JavaScript 代码，其中包含一些前期没有涉及的知识点，请读者关注后面的内容。

```
window.onload=function(){
    var oList=document.getElementById("list");
    var aLis=oList.getElementsByTagName("li");
    var oPrice=document.getElementById("price");
    var oMax=document.getElementById("max");
    var oNum=document.getElementById("num");
    var aSpan=list.getElementsByClassName("goodsnum");
    var aStrong=list.getElementsByTagName("strong");
    var aEm=list.getElementsByClassName("goodsprice");

    for(var i=0; i<aLis.length; i++){
        tab(i);
    }

    //计算商品数量、最高单价和合计
    function count(){
        var num=0;
        var price=0;
        var max=0;
        for(var i=0; i<aSpan.length; i++){
            if(aLis[i].style.display !='none') {
                num+=parseFloat(aSpan[i].innerHTML);
                price+=parseFloat(aStrong[i].innerHTML);
```

```
            if(aSpan[i].innerHTML !=0) {
                if(parseFloat(aEm[i].innerHTML)>max) {
                    max=parseFloat(aEm[i].innerHTML);
                }
            }
        }
    }
    oNum.innerHTML=num;
    oPrice.innerHTML=price.toFixed(2);
    oMax.innerHTML=max;
}


function tab(b) {
    var li_input=aLis[b].getElementsByTagName("input");
    var li_span=aLis[b].getElementsByClassName("goodsnum")[0];
    var li_em=aLis[b].getElementsByClassName("goodsprice")[0];
    var li_strong=aLis[b].getElementsByTagName("strong")[0];
    var li_del=aLis[b].getElementsByClassName("del")[0];
    vara=0;

    //单击"-"
    li_input[0].onclick=function(){
        a--;
        if(a<0){
            a=0;
        }

        li_strong.innerHTML=(a * li_em.innerHTML).toFixed(2);
        li_span.innerHTML=a;
        count();
    }
    //单击"+"
    li_input[1].onclick=function(){
        a++;

        li_strong.innerHTML=(a * li_em.innerHTML).toFixed(2);
        li_span.innerHTML=a;
        count();
    }
    //单击"删除"按钮
    li_del.onclick=function() {
        this.parentNode.style.display="none";
        count();
    }
}
}
```

【代码说明】

（1）开头部分的 window.onload＝function(){ 代码块 }。window.onload()方法用于在网页加载完毕后立刻执行的操作，即当 HTML 文档加载完毕后，立刻执行某个方法。window.onload()通常用于＜body＞元素，在页面完全载入后（包括图片、CSS 文件等）执行脚本代码。

（2）var oList＝document.getElementById("list")；var aLis＝oList.getElementsByTagName("li")；等。以上代码是用于获得 HTML 中的元素。在 4.2.1 小节中讲解了 JavaScript 对象，代码的第一句用到了 document 对照的 getElementById()方法，获取 Id 为 list 的元素；后面一句是 getElementsByTagName()方法，从 oList 对象中获取所有的 li 元素。对于获取元素的方法，常用的有以下 4 种。

① 返回指定 ID 的元素（一个元素）

```
document.getElementById("demo");
```

② 获取所有指定类名的元素（一组元素）

```
document.getElementsByClassName("example");
```

③ 返回带有指定名称的元素（一组元素）

```
document.getElementsByName("name");
```

④ 返回带有指定标签名的元素（一组元素）

```
document.getElementsByTagName("P");
```

注意：getElementById()和后面的 3 个方法是不一样的。getElementById 只获取一个元素，而其他 3 个可以获取一组，也就是元素集合；getElementById 前面只能是 document，而其他 3 个方法前可以是其他对象。

（3）this 关键词。

```
//单击"删除"按钮
li_del.onclick=function() {
    this.parentNode.style.display="none";
    count();
}
```

this 表示当前对象的一个引用。在这里是指名为 li_del 的按钮。在 JavaScript 中，this 不是固定不变的，它会随着执行环境的改变而改变，有以下几种情形。

① 在方法中，this 表示该方法所属的对象。

② 如果单独使用，this 表示全局对象。

③ 在函数中，this 表示全局对象。

④ 在函数中，在严格模式下 this 是未定义的（undefined）。

⑤ 在事件中，this 表示接收事件的元素。

⑥ 类似 call()和 apply()方法可以将 this 引用到任何对象上。

4.6　项 目 进 阶

因为是教学项目，本项目设计得相对简单，有很多不完善之处，这里列举两个。

（1）本项目只是一个界面显示和计算的功能，没有涉及数据存储。

（2）本项目中，JavaScript 代码是最为基础的语法，既没有采用 ES6、ES7 标准，也没有采用面向对象的 JavaScript 语法。

4.7　课 外 实 践

读者可以通过自学，把项目的代码改写为符合 ES6 语法的代码。

自主项目：打地鼠游戏设计

知识目标：
- 掌握 JavaScript 操作 HTML 的方法。
- 掌握 JavaScript 数组的定义和使用。
- 掌握 JavaScript 计时器的操作方法。
- 掌握 jQuery 的基础知识。

能力目标：
- 能正确使用 jQuery 语法编写程序。

5.1　项目介绍

打地鼠

打地鼠是一款老少皆宜的经典游戏，在游戏的同时还能锻炼人的反应能力，游戏的规则很简单，在游戏界面中有 3 行 3 列的 9 个区域，每隔固定时间，这 9 个区域中的一个会冒出一个地鼠，只要在限定时间内把冒出来的地鼠给打下去就能得分。

本项目的实现分 3 个工作任务：任务 1 是系统功能分析；任务 2 是设计用户界面；任务 3 是系统编码和实现。

打地鼠游戏整体效果图如图 5-1 所示。

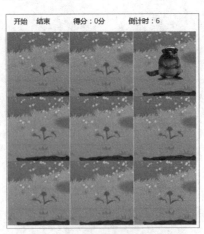

图 5-1　打地鼠游戏整体效果图

5.2　知识准备

5.2.1　JavaScript 数组

1. 什么是数组

JavaScript 数组

数组也可以叫作数组对象（JavaScript 中一切皆是对象），是使用单独的变量名来存储一系列的值。如果有一组数据（如车名字），存在单独变量如下所示。

```
var car1="Saab";
var car2="Volvo";
var car3="BMW";
```

然而，如果不是 3 辆，而是 300 辆呢？定义 300 个变量来存放不是一个好办法！最好的方法就是用数组。

数组可以用一个变量名存储所有的值，并且可以用变量名访问任何一个值。数组中的每个元素都有自己的序号（index），以便它可以很容易地被访问到。

2. 创建数组

创建一个数组有如下 3 种方法。

下面的代码定义了一个名为 myCars 的数组对象。

（1）数组的定义与赋值分开。

```
var myCars=new Array();
myCars[0]="Saab";
myCars[1]="Volvo";
myCars[2]="BMW";
```

（2）数组的定义与赋值合二为一。

```
var myCars=new Array("Saab","Volvo","BMW");
```

（3）第二种方式的简写如下。

```
var myCars=["Saab","Volvo","BMW"];
```

注意：所有的 JavaScript 变量都是对象。数组元素是对象、函数是对象。因此，在一个数组中的元素可以是不同的类型。比如，下面的赋值方式是合法的。

```
myArray[0]=1234;
myArray[1]=myFunction;
myArray[2]="myCars";
```

3. 访问数组

通过指定数组名及索引号码，可以访问某个特定的元素。以下实例可以访问 myCars

数组的第一个值。

```
var name=myCars[0];
```

以下实例修改了数组 myCars 的第一个元素。

```
myCars[0]="Opel";
```

4. 数组常用的方法和属性

数组对象最常用的预定义属性和方法如下。

```
var x=myCars.length            //myCars 中元素的数量
var y=myCars.indexOf("Volvo")  //"Volvo"值的索引值
```

length 属性可设置或返回数组中元素的数目。

indexOf()方法可返回数组中某个指定的元素位置。该方法将从头到尾地检索数组，看它是否含有对应的元素。如果找到一个 item，则返回 item 第一次出现的位置。开始位置的索引为 0。如果在数组中没有找到指定元素，则返回 −1。也就是说，如果上面实例中 myCars＝new Array("Saab","Volvo","BMW");，那么 indexOf()方法返回的值是 1。

5.2.2　jQuery 基础

jQuery 是一个快速、简单的 JavaScrip 库，它简化了 HTML 元素操作、事件处理、动画、Ajax 互动，极大地提高了编写 JavaScript 代码的效率，使代码更加优雅、更加健壮。

jQuery 基础

1. jQuery 下载

jQuery 是一个 JavaScript 文件，可以在其官网 http://jQuery.com 中下载，如图 5-2 所示。

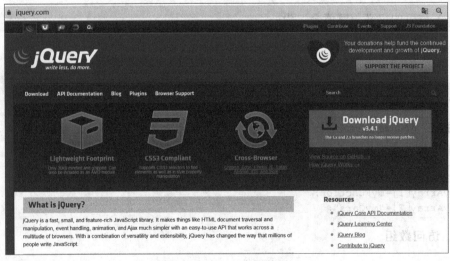

图 5-2　jQuery 官网首页

目前,jQuery 更新到了 V3.4.1 版本。为了方便调试,每个版本的 jQuery 都有两种文件:一种是未压缩的版本,平时开发时调试用,命名为 jQuery-xxx.js(xxx 表示具体的版本号);另一种是压缩版本(jQuery 使用的是 UglifyJS 作为压缩工具,该工具对.js 文件的压缩是非常高的,有兴趣的读者可以自行学习),适用于正式发布时用,命名为 jQuery-xxx.min.js。压缩版(min 版)的文件要比未压缩版的文件小很多,如图 5-3 所示。

名称	修改日期	类型	大小
jQuery-3.4.1.js	2020/3/2 15:36	JScript Script 文件	274 KB
jQuery-3.4.1.min.js	2020/3/2 15:35	JScript Script 文件	87 KB
jQuery-3.4.1.min.map	2020/3/2 15:36	链接器地址映射	134 KB

图 5-3　jQuery 文件

2. jQuery 使用

jQuery 在使用前,需要先进行引用,在平时开发过程中,建议使用未压缩版本,以方便调试。这里以一个例子展示其使用过程。

```html
<html>
    <head>
    <meta charset="UTF-8">
    <script src="jQuery/jQuery-3.4.1.js"></script>
    <title>Document</title>
    <script>
        $(document).ready(function() {
            $("a").click(function() {
                $('#time').html(new Date());
            });
        });
    </script>
    </head>
<body>
    <div id="time">
    <a href="#">显示时间</a>
    </div>
</body>
</html>
```

运行后,效果如图 5-4 所示。

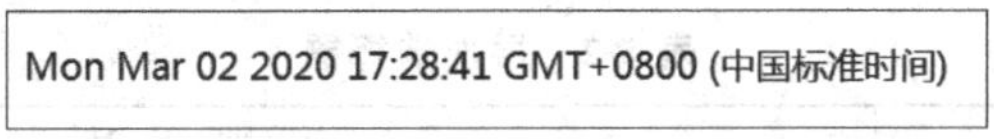

Mon Mar 02 2020 17:28:41 GMT+0800 (中国标准时间)

图 5-4　实例显示效果

在这个例子中,首先在 head 部分引用了 jQuery 文件。

```
<script src="/jQuery/jQuery-3.4.1.min.js"></script>
```

代码中,所有使用到 jQuery 的 JavaScript 代码都是写在 $(document).ready()函数

（文档就绪函数）中，这样做的目的是防止文档在完全加载（就绪）之前运行 jQuery 代码。
这段代码相对比较容易理解：在 a 元素（超链接）的单击（click）事件中，将当前系统时间
显示在 id 为 time 的 div 元素中。

```
$("a").click(function() {
    $('#time').html(newDate());
});
```

3. jQuery 语法

jQuery 语法的思路是先按照一定规则"选中"某个（或多个）HTML 元素，然后对元
素执行某些操作。其基础语法是 $(selector).action()。

$（美元符号）是 jQuery 最重要的一个函数（函数名就是 jQuery，$ 是这个函数的简
写）。选择符（selector）是"查询"和"查找"HTML 元素的规则（一般是字符串）；action()
是指元素执行的操作，在前面的例子中，$('#time').html() 中的 html() 函数的作用就是
修改某个元素内部的 html 内容。

示例如下。

```
$(this).hide()          //隐藏当前元素
$("p").hide()           //隐藏所有 p(段落)
$(".test").hide()       //隐藏所有 class="test"的所有元素
$("#test").hide()       //隐藏 id="test"的元素
```

4. jQuery 选择器

jQuery 为我们提供了方便、高效的选择 HTML 元素的方法。可以说，jQuery 选择器
是整个 jQuery 的精髓，如表 5-1～表 5-9 所示。

表 5-1　基本选择器

选　择　器	描　　述
$(#id)	根据给定的 id 匹配一个元素
$(.class)	根据给定的类名匹配元素
$(element)	根据给定的元素名匹配元素
$(*)	匹配所有元素
$(selector1,selector2,...,selectorN)	将每一个选择器匹配到的元素合并后一起返回

表 5-2　层次选择器

选　择　器	描　　述
$("ancestor descendant")	选取 ancestor 元素里的所有 descendant(后代)元素
$("parent>child")	只选取 parent 元素下的 child（子层级）元素，与 $（"ancestor descendant"）有区别，前者选择所有后代元素（含且不限于子层级）
$('prev+next')	选取紧接在 prev 元素后的 next 元素
$('prev~siblings')	选取 prev 元素之后的 next 元素

表 5-3 过滤选择器

选 择 器	描 述
$("selector:first")	选取第一个元素
$("selector:last")	选取最后一个元素
$("selector:not(selector2)")	去除所有与给定选择器匹配的元素
$("selector:even")	选取索引是偶数的所有元素，索引从 0 开始
$("selector:odd")	选取索引是奇数的所有元素，索引从 0 开始
$("selector:eq(index)")	选取索引等于 index 的元素，index 从 0 开始
$("selector:gt(index)")	选取索引大于 index 的元素，index 从 0 开始
$("selector:lt(index)")	选取索引小于 index 的元素，index 从 0 开始
$(":header")	选取所有的标题元素，如 h1、h2、h3 等
$(":animated")	选取当前正在执行动画的所有元素

表 5-4 基本过滤选择器

选 择 器	描 述
$(":contains(text)")	选取含有文本内容为 text 的元素
$(":empty")	选取不包含子元素或者文本的空元素
$(":has(selector2)")	选取含有选择器所匹配的元素
$(":parent")	选取含有子元素或者文本的元素

表 5-5 可见性过滤选择器

选 择 器	描 述
$(":hidden")	选取所有不可见的元素
$(":visible")	选取所有可见的元素

表 5-6 属性过滤选择器

选 择 器	描 述
$("selector[attribute]")	选取拥有此属性的元素
$("selector[attribute＝value]")	选取属性的值为 value 的元素
$("selector[attribute! ＝value]")	选取属性的值不等于 value 的元素
$("selector[attribute^＝value]")	选取属性的值以 value 开始的元素
$("selector[attribute $＝value]")	选取属性的值以 value 结束的元素
$("selector[attribute * ＝value]")	选取属性的值含有 value 的元素
$("selector[selector2][selectorN]")	用属性选择器合并成一个复合属性选择器，满足多个条件。每选择一次，缩小一次范围，如 $("div[id][title $ ='test']") 选取拥有属性 id，并且属性 title 以"test"结束的＜div＞元素

表 5-7 子元素过滤选择器

选 择 器	描 述
$(":nthchild(index/even/odd/equation)")	选取每个父元素下的第 index 个子元素或者奇偶元素，index 从 1 算起
$("selector:first child")	选取每个父元素的第一个子元素
$("selector:last child")	选取每个父元素的最后一个子元素
$("selector:only child")	如果某个元素是它父元素中唯一的子元素，那么将会被匹配。如果父元素中含有其他元素，则不会被匹配

表 5-8 表单对象属性过滤选择器

选 择 器	描 述
$("selector:enabled")	选取所有可用元素
$("selector:disabled")	选取所有不可用元素
$("selector:checked")	选取所有被选中的元素（radio checkbox）
$("selector:selected")	选取所有被选中的选项元素（select）

表 5-9 表单选择器

选 择 器	描 述
$(":input")	选取所有的＜input＞＜textarea＞＜select＞＜button＞元素
$(":text")	选取所有的单行文本框
$(":password")	选取所有的密码框
$(":radio")	选取所有的单选框
$(":checkbox")	选取所有的复选框
$(":submit")	选取所有的提交按钮
$(":image")	选取所有的图像按钮
$(":reset")	选取所有的重置按钮
$(":button")	选取所有的按钮
$(":file")	选取所有的上传域
$(":hidden")	选取所有不可见元素

5. jQuery 事件

首先，来看一下经常使用的添加事件的方式。

```
<input type="button" id="btn" value="单击" onclick="showMsg();"/>
<script type="text/javascript">
    function showMsg() {
        alert("消息显示");
    }
</script>
```

最常用的是为元素添加 onclick 元素属性的方式添加事件。现在，我们来看另一种添加事件的方式，通过修改 dom 属性的方式添加事件。

```
<input type="button" id="btn2" value="单击"/>
<script type="text/JavaScript">
    function showMsg() {
        alert("消息显示");
    }

    $(function() {
        document.getElementById("btn2").onclick=showMsg;
    });
</script>
```

添加元素属性和修改 dom 属性这两种方法的效果相同，但不等效。

```
$(function() {
    //等效于<input type="button" id="btn2" value="click me!" onclick="alert
        ('消息显示')"/>
    document.getElementById("btn2").onclick=showMsg;
});

    //相当于：
    //  document.getElementById("btn").onclick=function(){
    //      alert("msg is showing!");
    //  }
<input type="button" id="btn" value="click me!" onclick="showMsg();"/>
```

这两种方式的弊端是：只能为一个事件添加一个事件处理函数，使用赋值符会将前面的函数冲掉。在事件处理函数中，获取事件对象的方式不同。在不同浏览器中添加多播委托的函数不同。

多播委托是指在 IE 中通过 dom.attachEvent、在 firefox 中通过 dom.addEventListener 方式添加事件。

所以，我们应该摒弃通过修改元素属性和通过对 Dom 属性修改的方式添加事件，而应该使用多播事件的委托方式添加事件处理函数。

使用 jQuery 事件处理函数的优势如下。

（1）添加的是多播事件委托。我们可以为 dom 的 click 事件添加一个函数后再次添加一个函数。

（2）统一了事件名称。添加多播委托时，ie 在事件名称前加了 on，而 firefox 则直接使用事件名称。

（3）可以将对象行为全部用脚本控制。使用脚本控制元素行为，使用 HTML 标签控制元素内容，用 CSS 控制元素样式，从而达到了元素的行为、内容、样式分离的状态。基础的 jQuery 事件处理函数如表 5-10 所示。

表 5-10　基础的 jQuery 事件处理函数

函数名	说明	例子

bind(type,[data],fn)	为匹配元素的指定事件添加事件处理函数	function secondClick() {
		　　alert("second click!");
		}
		$("#dv1").bind("click",secondClick);

one(type,[data],fn)	为匹配元素的指定事件添加一次性事件处理函数,通过 fn 函数的参数的 data 属性可获取值	//数据通过 fn 的参数传递过去
		//例如 fn 的参数是 e,则在 fn 内部可以通过 e.data 获取设定的参数
		$("#dv1").one("click",{name: "zzz",age: 20},
		function (e) {
		　　alert(e.data.name);
		});

trigger(event,[data])	在匹配的元素上触发某类事件; 此函数会导致浏览器同名的默认行为被执行	见下例
triggerHandler(event,[data])	触发指定的事件类型上所绑定的处理函数不会执行浏览器默认行为	见下例

unbind(type,fn)	为匹配的元素解除指定事件的处理函数	//如果没有参数,则解除匹配元素的所有事件处理函数
		$("#dv1").unbind();
		//如果提供了事件类型参数,则只删除该事件类型的处理函数
		$("#dv1").unbind("click");
		//如果把绑定时传递的处理函数作为第二个参数传递,则只删除该处理函数
		$("#dv1").unbind("click",secondClick);

6. jQuery 效果

jQuery 效果如表 5-11 所示。

表 5-11　jQuery 效果

方法	描述
animate()	对被选元素应用"自定义"的动画
clearQueue()	对被选元素移除所有排队的函数(仍未运行的)
delay()	对被选元素的所有排队函数(仍未运行)设置延迟
dequeue()	运行被选元素的下一个排队函数
fadeIn()	逐渐改变被选元素的不透明度,从隐藏到可见

续表

方　法	描　述
fadeOut()	逐渐改变被选元素的不透明度，从可见到隐藏
fadeTo()	把被选元素逐渐改变至给定的不透明度
hide()	隐藏被选的元素
queue()	显示被选元素的排队函数
show()	显示被选的元素
slideDown()	通过调整高度来滑动显示被选元素
slideToggle()	对被选元素进行滑动隐藏和滑动显示的切换
slideUp()	通过调整高度来滑动隐藏被选元素
stop()	停止在被选元素上运行动画
toggle()	对被选元素进行隐藏和显示的切换

7. jQuery 文档操作

在表 5-12 所示方法中，除了 html()方法外，都同时适用于 XML 文档和 HTML 文档。

表 5-12　jQuery 文档操作方法

方　法	描　述
addClass()	向匹配的元素添加指定的类名
after()	在匹配的元素之后插入内容
append()	向匹配元素集合中的每个元素结尾插入由参数指定的内容
appendTo()	向目标结尾插入匹配元素集合中的每个元素
attr()	设置或返回匹配元素的属性和值
before()	在每个匹配的元素之前插入内容
clone()	创建匹配元素集合的副本
detach()	从 DOM 中移除匹配元素集合
empty()	删除匹配的元素集合中所有的子节点
hasClass()	检查匹配的元素是否拥有指定的类
html()	设置或返回匹配的元素集合中的 HTML 内容
insertAfter()	把匹配的元素插入另一个指定的元素集合的后面
insertBefore()	把匹配的元素插入另一个指定的元素集合的前面
prepend()	向匹配元素集合中的每个元素开头插入由参数指定的内容
prependTo()	向目标开头插入匹配元素集合中的每个元素
remove()	移除所有匹配的元素
removeAttr()	从所有匹配的元素中移除指定的属性
removeClass()	从所有匹配的元素中删除全部或者指定的类
replaceAll()	用匹配的元素替换所有匹配到的元素
replaceWith()	用新内容替换匹配的元素

续表

方　法	描　述
text()	设置或返回匹配元素的内容
toggleClass()	从匹配的元素中添加或删除一个类
unwrap()	移除并替换指定元素的父元素
val()	设置或返回匹配元素的值
wrap()	把匹配的元素用指定的内容或元素包裹起来
wrapAll()	把所有匹配的元素用指定的内容或元素包裹起来
wrapinner()	将每一个匹配的元素的子内容用指定的内容或元素包裹起来

8. jQuery 属性操作

在表 5-13 所示方法中，除了 html()方法外，都同时适用于 XML 文档和 HTML 文档。

表 5-13　jQuery 属性操作方法

方　法	描　述
addClass()	向匹配的元素添加指定的类名
attr()	设置或返回匹配元素的属性和值
hasClass()	检查匹配的元素是否拥有指定的类
html()	设置或返回匹配的元素集合中的 HTML 内容
removeAttr()	从所有匹配的元素中移除指定的属性
removeClass()	从所有匹配的元素中删除全部或者指定的类
toggleClass()	从匹配的元素中添加或删除一个类
val()	设置或返回匹配元素的值

9. jQuery CSS 操作

表 5-14 列出的方法设置或返回元素的 CSS 相关属性。

表 5-14　jQuery CSS 操作

CSS 属性	描　述
css()	设置或返回匹配元素的样式属性
height()	设置或返回匹配元素的高度
offset()	返回第一个匹配元素相对于文档的位置
offsetParent()	返回最近的定位祖先元素
position()	返回第一个匹配元素相对于父元素的位置
scrollLeft()	设置或返回匹配元素相对滚动条左侧的偏移
scrollTop()	设置或返回匹配元素相对滚动条顶部的偏移
width()	设置或返回匹配元素的宽度

10. jQuery 遍历

jQuery 遍历函数包括用于筛选、查找和串联元素的方法，如表 5-15 所示。

表 5-15　jQuery 遍历函数

函　数	描　述
.add()	将元素添加到匹配元素的集合中
.andSelf()	把堆栈之前的元素集添加到当前集合中
.children()	获得匹配元素集合中每个元素的所有子元素
.closest()	从元素本身开始，逐级向上级元素匹配，并返回最先匹配的祖先元素
.contents()	获得匹配元素集合中每个元素的子元素，包括文本和注释节点
.each()	对 jQuery 对象进行迭代，为每个匹配元素执行函数
.end()	结束当前链中最近的一次筛选操作，并将匹配元素集合返回到前一次的状态
.eq()	将匹配元素集合缩减为位于指定索引的新元素
.filter()	将匹配元素集合缩减为匹配选择器或匹配函数返回值的新元素
.find()	获得当前匹配元素集合中每个元素的后代，由选择器进行筛选
.first()	将匹配元素集合缩减为集合中的第一个元素
.has()	将匹配元素集合缩减为包含特定元素的后代的集合
.is()	根据选择器检查当前匹配元素集合，如果存在至少一个匹配元素，则返回 true
.last()	将匹配元素集合缩减为集合中的最后一个元素
.map()	把当前匹配集合中的每个元素传递给函数，产生包含返回值的新 jQuery 对象
.next()	获得匹配元素集合中每个元素紧邻的同辈元素
.nextAll()	获得匹配元素集合中每个元素之后的所有同辈元素，由选择器进行筛选（可选）
.nextUntil()	获得每个元素之后所有的同辈元素，直到遇到匹配选择器的元素为止
.not()	从匹配元素集合中删除元素
.offsetParent()	获得用于定位的第一个父元素
.parent()	获得当前匹配元素集合中每个元素的父元素，由选择器筛选（可选）
.parents()	获得当前匹配元素集合中每个元素的祖先元素，由选择器筛选（可选）
.parentsUntil()	获得当前匹配元素集合中每个元素的祖先元素，直到遇到匹配选择器的元素为止
.prev()	获得匹配元素集合中每个元素紧邻的前一个同辈元素，由选择器筛选（可选）
.prevAll()	获得匹配元素集合中每个元素之前的所有同辈元素，由选择器进行筛选（可选）
.prevUntil()	获得每个元素之前所有的同辈元素，直到遇到匹配选择器的元素为止
.siblings()	获得匹配元素集合中所有元素的同辈元素，由选择器筛选（可选）
.slice()	将匹配元素集合缩减为指定范围的子集

对于 jQuery 的高级运用，特别是众多 jQuery 插件的使用，读者可以通过阅读其官方网站的文档和例子自行学习。在本书中就不再对其展开描述。

jQuery 官方网站　http://jQuery.com/。

jQuery 中文教程　http://www.w3school.com.cn/jQuery/。

5.3　任务 1　系统流程分析

系统流程分析

打地鼠游戏相对比较简单，主要分为创建地鼠和敲击响应两个功能模块。

（1）创建地鼠：在地图上的 9 个位置随机创建一个地鼠并显示。

（2）敲击响应：当敲中某个地鼠后，地鼠消失并计分。

打地鼠游戏系统流程如图 5-5 所示。

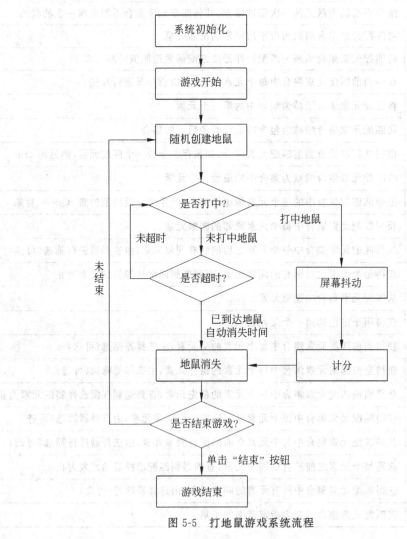

图 5-5　打地鼠游戏系统流程

界面设计

5.4 任务2 设计用户界面

5.4.1 网页布局

打地鼠游戏的网页主体是一个3×3的表格，所以可以简单地使用HTML中的table元素作为地图的布局。在表格上方放置一个DIV容器，里面有"开始"按钮、"结束"按钮以及分数标签。

为了让地图有直观的感觉，需要将表格中每个单元格的背景图片设置为一个草地图片，具体网页布局设计如图5-6所示。

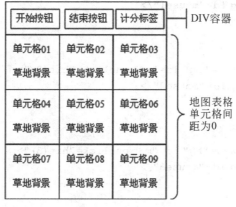

图 5-6 网页布局图

在实际设计时，每个单元格的背景图片都是一样的，所以可以单独定义一个CSS样式bg，用于设置背景图片。为了后期访问方便，在每个单元格中放置一个命名的DIV，名字为m1～m9，将bg样式应用到这九个DIV中。后期还需要在每个DIV中添加图片，用于显示地鼠。

对于表格地图上方的操作区，也需要进行命名，并设置好样式。考虑到移动平台的字体相对比较小，这里需要将操作区的字体放大到24px。操作区里面放置4个元素，除了设计图中3个已知的元素外，还增加了一个用于调试的标签，可以显示当前是哪个单元格中有地鼠出现。

具体的布局网页代码如下。

CSS内容如下。

```
.bg {
    background: url("th.jpg") no-repeat 0 0;
}
```

HTML元素如下。

```
<div id="oper">
    <a href="JavaScript:" onclick="start();">开始</a>
```

```html
            <a href="JavaScript:" onclick="end();">结束</a>
        <span id="msg">
            得分：<span id="score">0</span>分
        </span>
        <span id="tim">
            倒计时：<span id="time">0</span>
        </span>
    </div>
    <div id="divShake"></div>
    <table cellpadding="0" cellspacing="0">
        <tr>
            <td>
            <div class="bg" id="m1" onclick="hit(1)">
                <img id="mouse1"/>
            </div>
        </td>
        <td>
            <div class="bg" id="m2" onclick="hit(2)">
                <img id="mouse2"/>
            </div>
        </td>
        <td>
            <div class="bg" id="m3" onclick="hit(3)">
                <img id="mouse3"/>
            </div>
        </td>
    </tr>
    <tr>
        <td>
            <div class="bg" id="m4" onclick="hit(4)">
                <img id="mouse4"/>
            </div>
        </td>
        <td>
            <div class="bg" id="m5" onclick="hit(5)">
                <img id="mouse5"/>
            </div>
        </td>
        <td>
            <div class="bg" id="m6" onclick="hit(6)">
                <img id="mouse6"/>
            </div>
        </td>
    </tr>
    <tr>
        <td>
            <div class="bg" id="m7" onclick="hit(7)">
                <img id="mouse7"/>
            </div>
```

```
        </td>
        <td>
            <div class="bg" id="m8" onclick="hit(8)">
                <img id="mouse8"/>
            </div>
        </td>
        <td>
            <div class="bg" id="m9" onclick="hit(9)">
                <img id="mouse9"/>
            </div>
        </td>
    </tr>
</table>
```

5.4.2 地鼠和锤子图片引入

在游戏运行过程中，虽然同一时刻只会出现 1 只地鼠，但是在设计阶段，需要将 9 个地鼠预先准备隐藏好，然后根据随机数将指定的地鼠显示出来。本项目中采用 JavaScript 实现，具体代码如下。

```
for(var i=1; i<=9; i++) {
        var img=$("#mouse"+i);
        ...
        img.attr("src","mouse.png");
        img.hide();
}
```

为了增加趣味性，我们还在打击地鼠时把光标变成了一个锤子的形状，而这个效果只要使用 CSS 代码就可以实现了。

```
table td{
        cursor: url('wooden.png'),auto;
}
```

5.5 任务 3 系统编码实现

系统编码实现(1)

5.5.1 初始化处理

一般情况下，一个网页的初始化的主要工作是定义一些全局变量，并设置各个元素的初始状态。

在引用了 jQuery 框架后，初始化工作主要在 document.ready 的事件处理函数中完成，可以简写为 $(function(){…});的形式。

系统编码实现(2)

在打地鼠游戏中，具体的初始化工作如下。

(1) 定义用于存储地鼠标志的全局一维数组 data。

(2) 定义用于记录分数的全局变量 score。

（3）定义用于记录地鼠总个数的变量 number。

（4）初始化 data 数组对象中的每个元素为 0。

（5）初始化每个 IMG 对象（地鼠图片）的尺寸并隐藏。

（6）初始化每个 DIV 对象（地图单元格容器）的尺寸。

实现代码如下。

```
var data=new Array();
var timer;                        //定时器
var score=0;                      //得分
var number;                       //设定地鼠个数,同时用于计时

$(function() {
    for(var i=1; i<=9; i++) {
        data[i]=0;
    }
    var h=$(document).height()-80;  //获取可操作区高度
    var w=$(document).width();      //获取可操作区宽度

    var x=h;
    if(h>w){
        x=w;
    }
    x=parseInt(x/3);                //x 为每个单元格的 width 和 height

    for(var i=1; i<=9; i++) {
        var img=$("#mouse"+i);
        img.height(x);
        img.width(x);
        img.attr("src","mouse.png");
        img.hide();
        var div=$("#m"+i.toString());
        div.height(x);
        div.width(x);
    }
});
```

5.5.2　显示和隐藏地鼠函数

显示地鼠函数 ShowMouse()，参数为地鼠的位置（1～9）。实现代码如下。

```
function ShowMouse(i) {
    data[i]=1;
    var img=$("#mouse"+i.toString());
    img.show();
}
```

隐藏地鼠函数 HideMouse()，参数为地鼠的位置（1～9）。实现代码如下。

```
function HideMouse(i) {
```

```
        data[i]=0;
        var img=$("#mouse"+i.toString());
        img.hide();
    }
```

5.5.3 敲击函数

敲击函数 Hit()，参数为地鼠的位置（1~9）。首先判断对应的位置是否有地鼠（data[i]是否为1），如果为1，则将对应位置的地鼠隐藏，并记录分数。

实现代码如下。

```
function hit(i) {
    if(data[i]==1) {
        shake("#divShake", 10);
        score++;
        $("#score").html(score);
        HideMouse(i);
    }
}
```

5.5.4 开始按钮处理事件

开始函数 start()，具体的工作有如下几个步骤。

（1）生成1~9的随机数作为显示地鼠的位置。

（2）number 设定为5，也就是出现5只地鼠后游戏结束。

（3）根据当前的随机位置显示地鼠。

（4）1秒钟后，隐藏地鼠。

（5）2秒钟后，使用定时器再次出现一只地鼠。

实现代码如下。

```
function start() {
    number=5;
    $("#score").html(score);

    clearInterval(timer);                //清除前面的定时器
    timer=setInterval(function() {
        $("#time").html(number * 2);
        if(number>0) {
            var index=Math.floor(Math.random() * 9)+1;
            ShowMouse(index);
            setTimeout("HideMouse("+index.toString()+")", 1000);  //1秒后地鼠消失
        }
        else {
            end();
        }
        number--;
    }, 2000)                             //每2秒出现一只地鼠
```

```
};

function start() {
    var index=Math.floor(Math.random() * 9)+1;
    $("#msg").html("index:"+index.toString());
    ShowMouse(index);
    setTimeout("HideMouse("+index.toString()+")", 1000);
    t=setTimeout("start()", 2000);
}
```

5.5.5　结束按钮处理事件

结束函数 end()，具体的工作有 3 个：清除定时器、将计分清零、显示用户得分。实现代码如下。

```
function end() {
    clearInterval(timer);
    alert("游戏结束,你的得分为: "+score);
    score=0;
    return;
}
```

5.5.6　震动效果函数

震动函数 shake()，其参数有两个：一个是弹簧 DIV 的元素对象 obj；另一个是震动的幅度 count（单位是像素）。具体的工作有如下几个步骤。

（1）判断震动幅度是否小于或等于 0，当小于或等于 0 时，函数返回。

（2）震动幅度自减 1。

（3）获取弹簧 DIV 元素的高度。

（4）判断弹簧 DIV 元素的高度是否为 0。如果为 0，设置其高度为震动幅度；如果不为 0，则设置其高度为 0。

（5）使用当前的震动幅度，使用定时器递归调用震动函数。

实现代码如下。

```
function shake(obj, count) {
    if(count<=0) return;
    var h=$(obj).height();
    count=count-1;
    if(h==0) $(obj).height(count);
    else $(obj).height(0);

    setTimeout("shake('"+obj+"',"+count.toString()+")", 30);
}
```

5.5.7　绑定事件处理函数

定义好各个函数后，需要在 HTML 元素的事件中调用这些函数，具体绑定函数的方法如下。

（1）开始按钮单击事件 start() 函数。

```html
<a href="JavaScript:void(0)" onclick="start();">
    开始
</a>
```

（2）结束按钮单击时间 end() 函数。

```html
<a href="JavaScript:void(0)" onclick="end();">
    结束
</a>
```

5.5.8　最终实现代码

HTML 及 CSS 代码如下。

```html
<!DOCTYPE html>
<html lang="en">
<head>
    <meta charset="utf-8"/>
    <title></title>
    <script src="jQuery.js"></script>
    <script src="Game.js"></script>
    <style>
        body{
            font-family:"微软雅黑";
            font-size:16px;
        }
        .bg {
            background: url("th.jpg") no-repeat 0 0;
        }
        #oper{
            width:100%;
            height:60px;
            line-height:60px;
            font-size:1.2em;
        }
        #oper a {
            margin-left: 20px;
            text-decoration: none;
        }
        img{
            width:0;
            height: 0;
        }
        #msg,#tim {
            margin-left:60px;
        }
        #score,#time{
```

```
                color:red;
            }
            table td{
                cursor: url('wooden.png'),auto;
            }
            #divShake{
                height: 0;
            }
        </style>
    </head>
    <body>
        <div id="oper">
            <a href="JavaScript:" onclick="start();">开始</a>
            <a href="JavaScript:" onclick="end();">结束</a>
            <span id="msg">
                得分：<span id="score">0</span>分
            </span>
            <span id="tim">
                倒计时：<span id="time">0</span>
            </span>
        </div>
        <div id="divShake"></div>
        <table cellpadding="0" cellspacing="0">
            <tr>
                <td>
                    <div class="bg" id="m1" onclick="hit(1)">
                        <img id="mouse1"/>
                    </div>
                </td>
                <td>
                    <div class="bg" id="m2" onclick="hit(2)">
                        <img id="mouse2"/>
                    </div>
                </td>
                <td>
                    <div class="bg" id="m3" onclick="hit(3)">
                        <img id="mouse3"/>
                    </div>
                </td>
            </tr>
            <tr>
                <td>
                    <div class="bg" id="m4" onclick="hit(4)">
                        <img id="mouse4"/>
                    </div>
                </td>
                <td>
                    <div class="bg" id="m5" onclick="hit(5)">
                        <img id="mouse5"/>
```

```
                    </div>
                </td>
                <td>
                    <div class="bg" id="m6" onclick="hit(6)">
                        <img id="mouse6"/>
                    </div>
                </td>
            </tr>
            <tr>
                <td>
                    <div class="bg" id="m7" onclick="hit(7)">
                        <img id="mouse7"/>
                    </div>
                </td>
                <td>
                    <div class="bg" id="m8" onclick="hit(8)">
                        <img id="mouse8"/>
                    </div>
                </td>
                <td>
                    <div class="bg" id="m9" onclick="hit(9)">
                        <img id="mouse9"/>
                    </div>
                </td>
            </tr>
        </table>
</body>
</html>
```

JavaScript 代码如下。

```
var data=new Array();
var timer;                  //定时器
var score=0;                //得分
var number;                 //设定地鼠个数

$(function() {
    for(var i=1; i<=9; i++) {
        data[i]=0;
    }
    var h=$(document).height()-80;
    var w=$(document).width();

    var x=h;
    if(h>w) {
        x=w;
    }
    x=parseInt(x/3);

    for(var i=1; i<=9; i++) {
```

```
            var img=$("#mouse"+i);
            img.height(x);
            img.width(x);
            img.attr("src","mouse.png");
            img.hide();
            var div=$("#m"+i.toString());
            div.height(x);
            div.width(x);
        }
});

function ShowMouse(i) {
    data[i]=1;
    var img=$("#mouse"+i.toString());
    img.show();
}
function HideMouse(i) {
    data[i]=0;
    var img=$("#mouse"+i.toString());
    img.hide();
}
//窗体震动
function shake(obj, count) {
    if(count<=0) return;
    var h=$(obj).height();
    count=count-1;
    if(h==0)
        $(obj).height(count);
    else
        $(obj).height(0);

    setTimeout("shake('"+obj+"', "+count.toString()+")", 30);
}

function hit(i) {
    if(data[i]==1) {
        shake("#divShake", 10);
        score++;
        $("#score").html(score);
        HideMouse(i);
    }
}
function start() {
    number=5;
    $("#score").html(score);

    clearInterval(timer);            //清除前面的定时器
    timer=setInterval(function() {
        $("#time").html(number * 2);
```

```
    if(number>0) {
        var index=Math.floor(Math.random() * 9)+1;

        ShowMouse(index);
        setTimeout("HideMouse("+index.toString()+")", 1000);  //1秒后地鼠消失
    }
    else {
        end();
    }
    number--;
    }, 2000)//每 2 秒出现一只地鼠
};

function end() {
    clearInterval(timer);
    alert("游戏结束,你的得分为: "+score);
    score=0;
    return;
}
```

5.6 项目进阶

　　基本项目作为自主项目是因为打地鼠游戏仅仅实现了敲击和计分的功能,可扩展性很强。读者可以在以下几个方面进行扩充。

　　(1)难度等级划分。等级越高,地鼠出现的频率越快,对用户的反应要求也越高。游戏中有很多地方用到了定时器,除了震动效果以外,其他的定时器都可以作为控制频率的手段。在控制频率时,需要进行大量的测试,防止难度太高而失去游戏乐趣。

　　(2)多地鼠敲击。同时出现多个地鼠,用户可以快速地依次敲击,也可以在支持多点触屏的设备上同时敲击多个地鼠。要实现这样的功能,需要定义多个定时器对象,每个定时器对象虽然共享同一个数据存储,但需要独立处理用户的操作。

　　(3)得分排行榜。每次游戏结束后,记录下本次游戏的得分,然后显示历史排名。这个功能看似简单,但是有很多要考虑的地方,其关键是这个历史排名的存储位置:全局变量、本地文件、远程服务器,不同的存储位置有不同的存储方案。

5.7 课外实践

　　请读者根据项目进阶的提示修改完善本项目。

项目 6 综合项目：个人记账助手设计

知识目标：

- 掌握 JavaScript 操作 HTML5 本地存储的方法。
- 掌握 JavaScript 操作 JSON 格式数据的方法。

能力目标：

- 能使用 jQuery 操作 HTML5 本地存储。
- 能使用 jQuery 操作 JSON 格式数据。

6.1 项目介绍

个人记账助手项目介绍

本项目也是一个面向手机端的网页应用。个人记账助手是一种最为常见的理财类软件，适合在校学生或者刚步入社会的年轻人使用。本项目分为收支登记、收支查看和收支统计三个功能模块，通过每日记账，可以清楚了解钱的去向，更好地节制自己，避免月光族甚至日光族的出现。

本项目的实现分 3 个工作任务：任务 1 是对网站进行规划设计；任务 2 是设计网站用于存储的数据结构（JSON 格式）；任务 3 是系统编码和实现。

个人记账助手界面整体效果如图 6-1 所示。

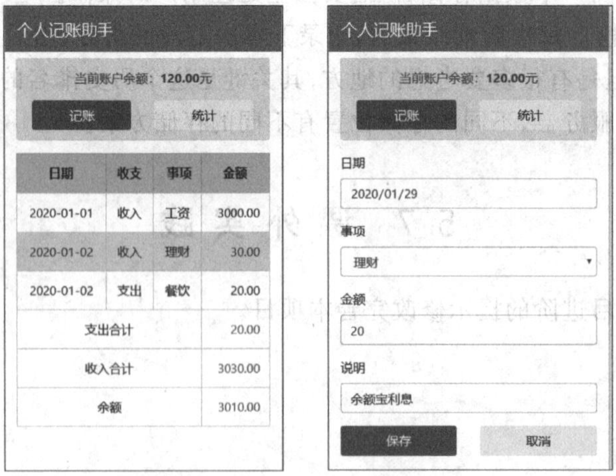

图 6-1　个人记账助手界面效果

6.2 知 识 准 备

6.2.1 Bootstrap 4 技术

Bootstrap 4 是 Bootstrap 的最新版本，与 Bootstrap 3 相比拥有了更多的具体的类及把一些有关的部分变成了相关的组件。同时 Bootstrap.min.css 的体积减小了 40% 以上。

Bootstrap 4 放弃了对 IE 8 及 iOS 6 的支持，现在仅仅支持 IE 9 以上版本的浏览器和 iOS 7 以上版本的操作系统。

在本项目中，将使用 Bootstrap 4 作为 CSS 框架。由于 Bootstrap 4 与 Bootstrap 3 在具体使用的过程中是十分相似的，这里就不对其单独讲解，读者可以自行访问 Bootstrap 4 的网站 https://getbootstrap.net/ 进行详细学习。

6.2.2 JSON 数据格式

JSON(JavaScript Object Notation)是一种轻量级的数据交换格式，类似于 XML。它虽然是 JavaScript 的一个子集，但是采用完全独立于语言的文本格式。这些特性使 JSON 成为理想的数据交换格式，阅读和编程都很方便。

JSON 数据格式

1. JSON 实例

```
{
    "student": [
        {
            "code": "001",
            "name": "张三"
        },
        {
            "code": "002",
            "name": "李四"
        },
        {
            "code": "003",
            "name": "王五"
        }
    ]
}
```

这个 student 对象是包含 3 个学生记录（对象）的数组。上面这段代码来源于如下的 JavaScript 语句中。

```
var student=[{
    "code": "001",
    "name":"张三"
},
```

```
{
    "code": "002",
    "name": "李四"
},
{
    "code": "003",
    "name": "王五"
}];
alert(student.length);
```

通过上面的例子，我们可以对 JSON 作如下归纳。

(1) JSON 是指 JavaScript 对象表示法（JavaScript Object Notation）。

(2) JSON 是轻量级的文本数据交换格式。

(3) JSON 独立于语言，JSON 使用 JavaScript 语法描述数据对象，但是 JSON 仍然独立于语言和平台。JSON 解析器和 JSON 库支持许多不同的编程语言。目前，非常多的动态（PHP、JSP、ASP.NET）编程语言都支持 JSON。

(4) JSON 具有自我描述性，更易理解。

(5) JSON 文本格式在语法上与创建 JavaScript 对象的代码相同。由于这种相似性，无须解析器，JavaScript 程序能够使用内建的 eval() 函数，用 JSON 数据生成原生的 JavaScript 对象。

2. JSON 语法

JSON 语法是 JavaScript 对象表示法语法的子集。

(1) 名称/值对。JSON 数据的书写格式：名称/值对。名称/值对包括字段名称（在双引号中），后面写一个冒号，然后是值。

```
"name":"张三"
```

这很容易理解，等价于下面这条 JavaScript 语句。

```
name="张三"
```

(2) JSON 值可以是数字（整数或浮点数）、字符串（在双引号中）、逻辑值（true 或 false）、数组（在方括号中）、对象（在花括号中）、null。

(3) JSON 对象。JSON 对象在花括号中书写，对象可以包含多个名称/值对。

```
{
    "code": "001",
    "name": "张三"
}
```

这一点也容易理解，与这条 JavaScript 语句等价。

```
code="001"
name="张三"
```

(4) JSON 数组。JSON 数组在方括号中书写，数组可包含多个对象。

```
    {
        "student": [
            {
                "code": "001",
                "name": "张三"
            },
            {
                "code": "002",
                "name": "李四"
            },
            {
                "code": "003",
                "name": "王五"
            }
        ]
    }
```

在上面的例子中，对象 student 是包含三个对象的数组。每个对象代表一条关于某个学生（学号、姓名）的记录。

（5）JSON 使用 JavaScript 语法。因为 JSON 使用 JavaScript 语法，所以无须额外的软件就能处理 JavaScript 中的 JSON。

通过 JavaScript，我们可以创建一个对象数组，并像这样进行赋值。

```
var student=[{
    "code": "001",
    "name": "张三"
},
{
    "code": "002",
    "name": "李四"
},
{
    "code": "003",
    "name": "王五"
}];
```

可以像这样访问 JavaScript 对象数组中的第一项。

```
student[0].code;
```

返回的内容是 001。

可以像这样修改数据。

```
student[0].code="009";
```

（6）JSON 文件。JSON 文件的文件扩展名是.JSON，JSON 文本的 MIME 类型是 "application/JSON"。

（7）把 JSON 文本转换为 JavaScript 对象。JSON 最常见的用法之一是从 Web 服务器上读取 JSON 数据（作为文件或作为 HttpRequest），将 JSON 数据转换为 JavaScript 对象，然后在网页中使用该数据。

```
var txt='{"student":['
+'{"code":"001","name":"张三"},'
+'{"code":"002","name":"李四"},'
+'{"code":"003","name":"王五"}]}';
```

由于 JSON 语法是 JavaScript 语法的子集，JavaScript 函数 eval() 可用于将 JSON 文本转换为 JavaScript 对象。

```
var obj=eval("("+txt+")");
```

eval() 函数可编译并执行任何 JavaScript 代码。这隐藏了一个潜在的安全问题。

使用 JSON 解析器将 JSON 转换为 JavaScript 对象是更安全的做法。JSON 解析器只能识别 JSON 文本，而不会编译脚本。

在浏览器中，这提供了原生的 JSON 支持，而且 JSON 解析器的速度更快。

```
var obj=JSON.parse(txt);          //比 eval 方法更安全高效
```

对于较老的浏览器，可使用 JavaScript 库 https://github.com/douglascrockford/JSON-js。

有关 JSON 的更多使用方法，读者可以通过阅读其官方网站的文档和例子自行学习。在本书中就不再对其展开描述。

JSON 相关网站如下。

百度百科　http://baike.baidu.com/view/136476.htm。

JSON 中文教程　http://www.w3school.com.cn/JSON/。

6.2.3　HTML5 本地存储（localStorage）技术

HTML5 本地存储

HTML5 提供了 localStorage 技术实现客户端（浏览器端）存储数据。在此之前，要在客户端存储数据（如记住用户登录的账户的该信息），这些都是由 Cookie 完成的。但是 Cookie 不适合大量数据的存储（一般不超过 4KB），因为它们由每个对服务器的请求来传递，这使 Cookie 速度很慢且效率不高。

对于不同的网站，localStorage 数据存储于不同的区域，并且一个网站只能访问其自身的数据（根据网站的域名识别）。

访问 localStorage 需要使用 JavaScript 代码来实现。

```
<script type="text/JavaScript">
    localStorage.UserName="Admin";
    document.write(localStorage.UserName);
</script>
```

注意：localStorage 存储数据格式为字符串，对于一些比较复杂的数据类型（如数组、对象），可以先转换为 JSON 格式的字符串后再进行存储。

```
var obj={ name:'Admin',age:24 };
var str=JSON.stringify(obj);

//存入
localStorage.obj=str;
//读取
str=localStorage.obj;
//重新转换为对象
obj=JSON.parse(str);
```

在上述代码中,JSON.stringify()用于将对象转换为字符串,JSON.parse()用于将字符串转换为对象。

6.2.4　AJAX

AJAX(Asynchronous JavaScript and XML)的中文为异步的 JavaScript 和 XML。它不是编程语言,而是一种远程数据访问的方法。使用 AJAX 技术,能在不重新加载整个页面的情况下,与服务器交换数据并更新部分网页。

使用原生的 JavaScript 语言实现 AJAX 十分麻烦,而且因为浏览器的不同,在实现过程中需要考虑很多兼容性问题。

幸运的是,jQuery 已经帮我们实现了这些烦琐的事情,我们只需要进行调用就可以了。jQuery 的 get()和 post()方法用于通过 HTTP GET 或 POST 请求从服务器请求数据。从文字含义上来讲,GET 基本上用于从服务器获得(取回)数据。POST 则常用于向服务器发送数据并返回结果数据。示例如下。

```
/*
get()方法语法:
$.get(URL,callback);
URL 参数(必须),请求的 URL。
callback 参数(可选),是请求成功后所执行的函数名。
*/
$.get("action.aspx",
function(data, status) {
    alert("Data:"+data+",Status:"+status);
});
/*
post()方法语法:
$.get(URL,data,callback);
URL 参数(必须),请求的 URL。
data 参数(可选),请求时发送的数据。
callback 参数(可选),是请求成功后所执行的函数名。
*/
$.post("action.aspx", {
    name: "admin",
    password: "123456"
},
```

```
function(data, status) {
    alert("Data:"+data+"\nStatus:"+status);
});
```

jQuery 库拥有完整的 AJAX 兼容套件，其中的函数和方法允许我们在不刷新浏览器的情况下从服务器加载数据，如表 6-1 所示。

表 6-1   jQuery AJAX 操作函数

函　　　数	描　　　述
jQuery.ajax()	执行异步 HTTP(AJAX)请求
.ajaxComplete()	当 AJAX 请求完成时注册要调用的处理程序。这是一个 AJAX 事件
.ajaxError()	当 AJAX 请求完成且出现错误时注册要调用的处理程序。这是一个 AJAX 事件
.ajaxSend()	在 AJAX 请求发送之前显示一条消息
jQuery.ajaxSetup()	设置将来的 AJAX 请求的默认值
.ajaxStart()	当首个 AJAX 请求完成开始时注册要调用的处理程序。这是一个 AJAX 事件
.ajaxStop()	当所有 AJAX 请求完成时注册要调用的处理程序。这是一个 AJAX 事件
.ajaxSuccess()	当 AJAX 请求成功完成时显示一条消息
jQuery.get()	使用 HTTP GET 请求从服务器加载数据
jQuery.getJSON()	使用 HTTP GET 请求从服务器加载 JSON 编码数据
jQuery.getScript()	使用 HTTP GET 请求从服务器加载 JavaScript 文件，然后执行该文件
.load()	从服务器加载数据，然后把返回的 HTML 代码放入匹配元素
jQuery.param()	创建数组或对象的序列化表示，适合在 URL 查询字符串或 AJAX 请求中使用
jQuery.post()	使用 HTTP POST 请求从服务器加载数据
.serialize()	将表单内容序列化为字符串
.serializeArray()	序列化表单元素，返回 JSON 数据结构数据

6.3   任务 1   网站规划与设计

本项目主要包括如下功能。

（1）收支登记。提供收支录入表单，用于新增一笔收支记录。

（2）收支查看。提供收支表格查询功能，并可以对某次收支记录进行修改和删除。

（3）收支统计。统计本阶段的收入合计、支出合计及账户余额。

6.3.1   网页布局

本项目是一个面向移动端的单页应用（Single Page Web Application，SPA），所有的元素都是在一个 HTML 页面中的，具体的布局如图 6-2 所示。

前期准备工作

标题栏　　　　网页结构分析　　　　展示屏区域　　　　表单区域　　　　报表区域

图 6-2　网页布局

6.3.2　账目登记表单设计

账目登记表单是在用户录入和编辑收支情况时用到的一个表单,表单中会用到文本框、下拉列表框、按钮三种控件。该表单一共有 6 行,这里利用 Bootstrap 4 中的基本表单布局。

表单的 HTML 元素结构如图 6-3 所示。

图 6-3　表单结构图

具体实现代码如下。

```
<div class="form-group">
    <label for="accountDate">日期</label>
    <input type="date" class="form-control" name="accountDate"
    id="accountDate">
</div>
<div class="form-group">
```

```html
        <label for="accountType">事项</label>
        <select class="form-control" name="accountType" id="accountType">
        </select>
</div>
<div class="form-group">
        <label for="accountAmount">金额</label>
        <input type="number" class="form-control" name="accountAmount"
id="accountAmount">
</div>
<div class="form-group">
        <label for="accountRemark">说明</label>
        <input type="text" class="form-control" name="accountRemark"
id="accountRemark">
</div>
<div class="row" id="btnCreateGroup">
        <div class="col-6">
            <a href="#" class="btn btn-primary btn-block" id="btnCreate">保存</a>
        </div>
        <div class="col-6">
            <a href="#" class="btn btn-light btn-block" id="btnCreateCancel">取消</a>
        </div>
</div>
<div class="row" id="btnUpdateGroup">
        <div class="col-4">
            <a href="#" class="btn btn-primary btn-block" id="btnUpdate">保存</a>
        </div>
        <div class="col-4">
            <a href="#" class="btn btn-danger btn-block" id="btnDelete">删除</a>
        </div>
        <div class="col-4">
            <a href="#" class="btn btn-light btn-block" id="btnUpdateCancel">取消</a>
        </div>
</div>
```

6.3.3 账目记录列表设计

账目记录列表界面是一个 HTML 表格，第一行是列名，最后有三行汇总数据，中间的是各行的收支记录行（这些记录行会在后面用 JavaScript 循环填充）。

具体实现代码如下。

```html
<table class="table table-bordered">
    <thead>
        <tr class="table-info">
            <th class="text-center">日期</th>
            <th class="text-center">收支</th>
            <th class="text-right">事项</th>
            <th class="text-center">金额</th>
        </tr>
    </thead>
    <tbody>
        <tr>
```

```
            <td class="text-center">2019-12-10</td>
            <td class="text-center">支出</td>
            <td class="text-center">餐饮</td>
            <td class="text-right">3000.00</td>
        </tr>
        收支记录行,后续用 JavaScript 进行填充
    </tbody>
    <tfoot>
        <tr>
            <td colspan="3" class="text-center">支出合计</td>
            <td class=" text-success text-right">3000.00</td>
        </tr>
        <tr>
            <td colspan="3" class="text-center">收入合计</td>
            <td class="text-danger text-right">3000.00</td>
        </tr>
        <tr>
            <td colspan="3" class="text-center">余额</td>
            <td class="text-primary text-right">3000.00</td>
        </tr>
    </tfoot>
</table>
```

6.3.4 用户操作流程设计

与用户体验相关的不仅仅是用户界面,还有用户的操作流程。对于这种使用频率比较高的应用,一套方便的操作流程是十分重要的。

在本项目中,为用户设计了两个操作流程：录入收支情况、更新收支情况。用户操作流程如图 6-4 所示。

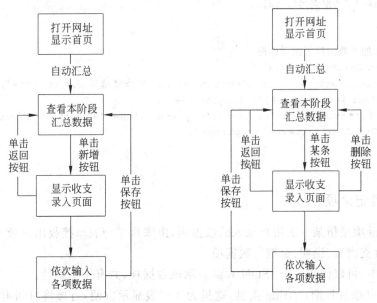

图 6-4 用户操作流程

6.4 任务 2 数据结构设计

在本项目中，需要记录用户录入的收支数据。如果是普通的手机应用，可以将数据存储在本地文件或数据库中；如果是面向个人计算机的网页，一般将数据存储在服务器端的数据库中。但是，本项目是一个面向手机端的网页应用，考虑到存储数据不大，因此将数据存储在支持 HTML5 的浏览器的本地存储中。

由于 HTML5 本地存储的数据格式仅仅支持字符串格式，所以本项目有一个比较重要的设计步骤就是设计便于转换的数据格式。

6.4.1 收支事项列表

收支事项列表就是录入表单中"事项"下拉框中的数据项。对于下拉框控件数据项，需要 text 和 value 两个属性。在本项目中，下拉框中的数据项还需要携带"收支方向"的属性。因此，在定义收支事项列表时，把 value 属性定义为 int 类型，所有"收入"类型的事项，value 值大于 0；所有"支出"类型的事项，value 值小于 0。

最终的收支事项列表 JavaScript 实现代码如下。

```
var TypeList=[
    { text: '工资', value: '1' },
    { text: '理财', value: '2' },
    { text: '其他收入', value: '99' },
    { text: '餐饮', value: '-1' },
    { text: '通信', value: '-2' },
    { text: '娱乐', value: '-3' },
    { text: '其他支出', value: '-99' }
];

//初始化加载数据到下拉列表框
function loadTypeList(){
    $('#accountType').html('<option value="0">请选择...</option>');
    for(var i=0; i<TypeList.length; i++) {
        $('#accountType').append('<option value="'+TypeList[i].value+'">'+
        TypeList[i].text+'</option>');
    }
}
```

6.4.2 账目记录项

账目记录项是指某一次用户录入的数据项，由账目登记表单接收用户录入的数据，主要有日期、收支类型、说明、金额等数据项。

在程序中，可以使用一个 JSON 对象表示该数据项，共有 4 个属性。

（1）date（账目日期：string 类型，这里为了列表显示方便，直接将时间类型的数据转换字符串类型进行储存）。

（2）type（账目事由：int 类型）。

（3）amount（账目金额：float 类型）。

（4）remark（账目说明：string 类型）。

最终的记录项 JavaScript 实现代码如下。

```javascript
var record={
    date: $('#accountDate').val(),
    type: $('#accountType').val(),
    amount: $('#accountAmount').val(),
    remark: $('#accountRemark').val()
};
```

数据将实际存储到 HTML5 的 Web Storage 存储区域内，其存储的字符串的格式如下。

```
{
    'date': '2020-01-20',
    'type': '2',                //收支事项列表 TypeList 中的 value 值
    'amount':'20',
    'remark': '余额宝利息'
}
```

6.4.3 账目记录列表

从程序设计角度来看，账目记录列表是账目记录的一个数组，所以不需要特别设计一个 JavaScript 类来处理，但是可以定义几个公共方法用于访问这个列表：getAccountList()从 localStorage 获取账目记录列表；setAccountList(list)将账目记录列表保存到 localStorage。

在获取账目记录列表过程中，使用 JavaScript 的 Array 对象的 sort 方法，按照账目对象中的 date 属性进行排序。sort 方法的参数就是一个排序函数（在本项目中，以匿名函数的方式定义），排序函数应该具有两个参数 a 和 b，其返回值如下。

如果根据自定义评判标准，a 小于 b，在排序后的数组中 a 应该出现在 b 之前，就返回一个小于 0 的值。

如果 a 等于 b，就返回 0。

如果 a 大于 b，就返回一个大于 0 的值。

具体实现代码如下。

```javascript
//从本地存储中获取账目列表
function getAccountList() {
    var list=[];
    try {
        list=JSON.parse(localStorage.Account);
        //按日期排序
        list.sort(function(a, b) {
            return a.date>b.date ? 1 : -1;
```

```
        });
    } catch(error) {
        list=[];
    }
    return list;
}
//保存账目列表到本地存储中
function setAccountList(list) {
    localStorage.Account=JSON.stringify(list);
}
```

6.5　任务3　系统编码实现

6.5.1　初始化处理

初始化处理步骤如下。

（1）定义全局变量：TypeList（收支事项列表）、CurrentIndex（当前编辑的账目索引号）。

（2）绑定账目列表。

（3）绑定账目录入表单中事由下拉列表框的数据。

（4）各个按钮事件绑定。

具体实现代码如下。

初始化的程序框架

公共方法

```
//全局变量 当前编辑的账目编号
var CurrentIndex=-1;
//全局变量 收支事项列表
var TypeList=[
    { text: '工资', value: '1' },
    { text: '理财', value: '2' },
    { text: '其他收入', value: '99' },
    { text: '餐饮', value: '-1' },
    { text: '通信', value: '-2' },
    { text: '娱乐', value: '-3' },
    { text: '其他支出', value: '-99' }
];

//jQuery初始化函数
$(document).ready(function() {
    loadList();
    loadTypeList();
    //记账按钮事件
    $('#btnMenuCreate').click(function() {
        //切换表单和报表的可见性
        $('#divForm').show();
        $('#divReport').hide();
```

按钮事件

```javascript
    //切换创建按钮组和更新按钮组的可见性
    $('#btnCreateGroup').show();
    $('#btnUpdateGroup').hide();
    //控件数据初始化
    $('#accountDate').val('');
    $('#accountType').val('0');
    $('#accountAmount').val('0');
    $('#accountRemark').val('');
    //创建状态下,当前编辑的索引号为-1
    CurrentIndex=-1;
});
//报表按钮事件
$('#btnMenuReport').click(function() {
    $('#divForm').hide();
    $('#divReport').show();
    loadList();
});
//保存按钮(新增按钮面板中)事件
$('#btnCreate').click(function() {
    createAccount();
    $('#divForm').hide();
    $('#divReport').show();
    loadList();
});
//取消按钮(新增按钮面板中)事件
$('#btnCreateCancel').click(function() {
    $('#divForm').hide();
    $('#divReport').show();
    loadList();
});
//保存按钮(更新按钮面板中)事件
$('#btnUpdate').click(function() {
    updateAccount();
    $('#divForm').hide();
    $('#divReport').show();
    loadList();
});
//删除按钮事件
$('#btnDelete').click(function() {
    deleteAccount();
    $('#divForm').hide();
    $('#divReport').show();
    loadList();
});
//取消按钮(更新按钮面板中)事件
$('#btnUpdateCancel').click(function() {
    $('#divForm').hide();
```

```
        $('#divReport').show();
        loadList();
    });
});
```

6.5.2 新增账目记录

新增账目记录是单击"记账"按钮之后触发的，触发后，显示表单DIV和新增按钮组。用户录入数据后，单击"保存"按钮，将数据新增到HTML5本地存储中，重新绑定账目列表并显示。

新增加载账目列表

具体实现代码如下。

```
//创建一条账目信息
function createAccount() {
    var record={
        date: $('#accountDate').val(),
        type: $('#accountType').val(),
        amount: $('#accountAmount').val(),
        remark: $('#accountRemark').val()
    };
    var list=getAccountList();
    list.push(record);
    setAccountList(list);
}
```

6.5.3 加载账目列表

加载列表核心就是一个循环，利用循环生成 HTML 代码，然后填充到列表容器元素中。在这个过程中，有两点做了特殊处理。

（1）在保存账目记录时，在事由这个数据上，为了节省空间，保存的是该事由的编号（TypeList 的 value 值），但是，显示时需要显示事由的文本，所以需要使用 TypeList 的 Find 方法按照 value 进行查找。

（2）给每个详细的账目记录行（tr 元素）添加了自定义属性 data-index，并将对应的数组索引绑定到这个属性中。在生成动态 HTML 后，就根据 data-index 这个自定义属性找到所有对应的 tr 元素，动态绑定 click 事件。在 click 事件中，获取 data-index 这个自定义属性的值，也就是对应的数组索引号，进而进行编辑操作。

```
//加载报表
function loadList() {
    var list=getAccountList();
    var htm='';
    htm+='<table class="table table-bordered">';
    htm+='    <thead>';
    htm+='        <tr class=" table-info">';
    htm+='            <th class="text-center">日期</th>';
```

```
htm+='        <th class="text-center">收支</th>';
htm+='            <th>事项</th>';
htm+='            <th class="text-right">金额</th>';
htm+='        </tr>';
htm+='    </thead>';
htm+='    <tbody>';
var amount=0;
var amountIn=0;
var amountOut=0;
for(var i=0; i<list.length; i++) {
    var type=TypeList.find(function(item) {
        return item.value==list[i].type;
    });
    var directText='收入';
    if(parseInt(list[i].type)<0) {
        directText='支出';
        amount -=parseFloat(list[i].amount);
        amountOut+=parseFloat(list[i].amount);
    }
    else {
        amount+=parseFloat(list[i].amount);
        amountIn+=parseFloat(list[i].amount);
    }
    htm+='    <tr data-id="'+i.toString()+'">';
    htm+='        <td class="text-center">'+list[i].date+'</td>';
    htm+='        <td class="text-center">'+directText+'</td>';
    htm+='        <td>'+type.text+'</td>';
    htm+='        <td class="text-right">'+parseFloat(list[i].amount).
            toFixed(2)+'</td>';
    htm+='    </tr>';
}
htm+='    </tbody>';
htm+='    <tfoot>';
htm+='        <tr>';
htm+='            <td colspan="3" class="text-center">支出合计</td>';
htm+='            <td class="text-right text-success">'+amountOut.
                toFixed(2)+'</td>';
htm+='        </tr>';
htm+='        <tr>';
htm+='            <td colspan="3" class="text-center">收入合计</td>';
htm+='            <td class="text-right text-danger">'+amountIn.toFixed
                (2)+'</td>';
htm+='        </tr>';
htm+='        <tr>';
htm+='            <td colspan="3" class="text-center">余额</td>';
htm+='            <td class="text-right text-primary">'+amount.toFixed
                (2)+'</td>';
```

```
htm+='          </tr>';
htm+='      </tfoot>';
htm+='</table>';
$('#divReport').html(htm);
$('[data-id]').each(function() {
    var tr=$(this);
    tr.click(function() {
        editAccount(index);
    });
});
}
```

6.5.4　编辑和更新账目记录

当用户单击某行具体的账目信息后，会触发 editAccount（index）这
个函数，参数 index 就是数组的索引，根据这个 index，就可以从 HTML5
本地存储的账目记录列表中，获得当前记录的信息。获取信息后，就需
要依次进行以下操作：设置表单控件的数据；记录当前正在编辑的索引值
（CurrentIndex）；显示表单面板和编辑按钮组。

更新及删除

具体实现代码如下。

```
//编辑一条账目信息
function editAccount(index) {
    //切换表单和报表的可见性
    $('#divForm').show();
    $('#divReport').hide();
    //切换创建按钮组和更新按钮组的可见性
    $('#btnCreateGroup').hide();
    $('#btnUpdateGroup').show();
    var list=getAccountList();
    //填充数据到控件
    $('#accountDate').val(list[index].date);
    $('#accountType').val(list[index].type);
    $('#accountAmount').val(list[index].amount);
    $('#accountRemark').val(list[index].remark);
    //记录当前编辑的索引
    CurrentIndex=index;
}
```

当用户单击编辑按钮组中的保存按钮时，需要对这条记录进行更新，更新的代码和新
增的代码类似，都需要从控件获取数据。

具体实现代码如下。

```
//更新一条账目信息
function updateAccount() {
    var record={
```

```
        date: $('#accountDate').val(),
        type: $('#accountType').val(),
        amount: $('#accountAmount').val(),
        remark: $('#accountRemark').val()
    };
    var list=getAccountList();
    list[CurrentIndex]=record;
    setAccountList(list);
}
```

6.5.5 删除账目记录

当用户编辑按钮组中的删除按钮时，需要将当前正在编辑的记录删除。从数组中删除一个元素，可以使用 Array 对象的 splice 方法，该方法可以直接对数组进行插入元素、删除元素、替换元素的操作，具体语法如下。

```
array.splice(index,howmany,item1,...,itemX)
```

其中，index 参数是必需的，用于指定从何处插入或删除元素；howmany 是可选的，用于指定删除元素的个数，如果不指定则删除从 index 开始到原数组结尾的所有元素。由于这里只要删除一个元素，所以 howmany 参数的值就是 1；item1,...,itemX 是可选参数，用于指定要添加到数组的新元素，这里不需要插入新的元素，所以不需要指定。

具体实现代码如下。

```
//删除一条账目信息
function deleteAccount() {
    var list=getAccountList();
    list.splice(CurrentIndex, 1);
    setAccountList(list);
}
```

6.5.6 用户体验改进

改进

在测试项目的过程中，会发现项目有很多不完善的地方。有些是移动终端自身的问题，无法避免，但是有些是可以通过一些手段去控制的。这里列举两个有可能造成用户操作不方便的细节。

（1）因为屏幕比较小，用户每次单击某行时，并不能确定是否选中需要编辑的那一行，系统也没有什么提示信息便直接显示修改界面。

为了解决这个问题，可以利用 tr 元素的 class 属性。用户每次单击某一行时，先判断当前的 tr 是否有 table-warning 这个样式（该样式可以修改某个 tr 的背景色），如果没有这个样式，则先给当前的 tr 添加 table-warning 这个样式，同时删除其他行的 table-warning 样式。这样，用户就可以"选中"某一行。当用户再次单击该行时，当前的 tr 就具有 table-warning 这个样式了，这时就可以显示编辑表单。简而言之，就是将原来的单击一次就触发改为单击两次触发。

要判断某个元素是否有指定的 class，可以使用 jQuery 的 hasClass 方法，具体实现代码如下。

```
function loadList() {
    //生成 html...
    $('#divReport').html(htm);
    //更新展示面板中的余额
    $('#spanAmount').html(amount.toFixed(2));
    $('[data-index]').each(function() {
        var tr=$(this);
        tr.click(function() {
            //判断样式
            if(!tr.hasClass('table-warning')) {
                //第 1 次单击，删除所有行的 table-warning 样式
                $('[data-index]').removeClass('table-warning');
                //给当前行新增 table-warning 样式
                tr.addClass('table-warning');
            }
            else {
                var index=parseInt(tr.attr('data-index'));
                editAccount(index);
            }
        });
    });
}
```

（2）在用户录入日期和金额时，需要进行数据校验，一般需要额外的 JavaScript 代码。但是，目前大多数的浏览器已经支持一些更加先进的 input 元素了，这样可以简化代码，提交运行效率和兼容性。

```
输入日期
<input type="date"/>
输入数字
<input type="number"/>
```

具体实现代码如下。

```
<div class="form-group">
    <label for="accountDate">日期</label>
    <input type="date" name="accountDate" id="accountDate"
class="form-control">
</div>
<div class="form-group">
    <label for="accountAmount">金额</label>
    <input type="number" name="accountAmount" id="accountAmount"
class="form-control">
</div>
```

6.6 项目进阶

本项目仅仅对个人记账这个软件做了初步设计，还有很多方面值得扩充，这里列举两点。

(1) 在选择收支事项时，下拉框中的数据是从一个全局数组中读取的，但由于这个数组是固定的，所以收支事项这个字段的值是不可更改的。如果要改进成可变动的，能否将收支事项这个数据设计成 JSON 格式并从远程获取。

(2) 在统计数据时，仅仅按照收入还是支出做了简单的汇总，如果要改进，能否将收支事项、时间等因素考虑进去。

6.7 课外实践

请读者根据项目进阶中的两点提示修改完善本项目。

参 考 文 献

[1] 杨习伟. HTML5＋CSS3 网页开发实战精解[M]. 北京：清华大学出版社,2013.

[2] 丁士锋. 网页制作与网站建设实战大全[M]. 北京：清华大学出版社,2013.

[3] 明日科技. HTML5 从入门到精通[M]. 3 版. 北京：清华大学出版社,2019.

[4] https://www.w3school.com.cn/.

[5] https://www.runoob.com/.

[6] https://www.bootcss.com/.

[7] http://jquery.com/.